吴克敬◎著

家风的力量

西安出版社

图书在版编目（CIP）数据

家风的力量 / 吴克敬著 . — 西安：西安出版社，2020.6
 ISBN 978-7-5541-4510-4

Ⅰ . ①家… Ⅱ . ①吴… Ⅲ . ①家庭道德—中国 Ⅳ . ① B823.1

中国版本图书馆 CIP 数据核字 (2020) 第 046928 号

家风的力量
JIAFENG DE LILIANG

出 版 人：屈炳耀
著　　者：吴克敬
责任编辑：李　丹
责任校对：卜　源
出版发行：西安出版社
社　　址：西安市曲江新区雁南五路 1868 号影视演艺大厦 11 层
电　　话：（029）85253740
邮政编码：710061
印　　刷：三河市金泰源印务有限公司
开　　本：880mm×1230mm　1/32
印　　张：8.5
字　　数：120 千字
版　　次：2020 年 6 月第 1 版
　　　　　2020 年 6 月第 1 次印刷
书　　号：ISBN 978-7-5541-4510-4
定　　价：48.00 元

△本书如有缺页、误装，请寄回另换

目录

序　沐浴家风

第一辑
什么是家风

家　教 _007

家　道 _015

家　风 _024

家之格局 _033

成家立业 _036

家的相思 _040

回家的念想 _044

因家之乐 _049

不讲理的家 _053

第二辑
家风孕育之美

父亲的目光 _059

舌苔上的母亲 _064

母亲的炊烟 _070

疲倦的裤子 _074

跪　草 _079

拉　扯 _084

恩　爱 _089

受　人 _093

旧枕头 _098

牛角梳子 _104

说给孩子 _111

第三辑
家风教化之用

活　着 _117

心　气 _122

血　汗 _127

杂　食 _132

剃　头 _137

鸡鸣声 _145

小堡子 _157

第四辑
家风革新之变

百　岁 _167

血社火 _172

灶爷的嘴巴 _182

穷人心得 _186

藏　福 _196

教　育 _200

私　心 _204

请叫我一声乳名 _209

第五辑
家风传统之道

家训今识 _215

择邻之教 _219

兴学垂范 _223

铁骨不负心头血 _228

身教胜于言教 _239

奈何身后掩飞泪 _246

跋　家风的力量

序　　沐浴家风

　　所谓家风，就是一个家庭的风气，指的是一个家庭所有成员共有的生活习惯、思维方式及价值追求的总和。家风无所不在地渗透在家庭的生活中，深刻地影响着每个成员，他们密切接触，相互关爱，相互鼓励，相互学习，相互约束，共同成长，共同进步，共同发展，共同收获。家风还会向外扩散影响到邻里和社会。

　　家风对于每一个家庭而言，就是家庭成长的教科书。每个家庭有每个家庭的风气，有的突出学习之风，有的彰显勤劳之风，有的信奉孝敬之风，有的倡导节俭之风，大同而小异，多彩而鲜活。好的家风，虽然没有具体的文本挂在墙上，没有详细的条目、规范刻在床头上，但却无形、潜在地发挥着教育功能，潜移默化地影响家庭中的每个成员，尤其是孩子。

这就是家风感染和陶冶的作用。家庭成员特别是家长的言谈举止，影响孩子的行为，陶冶孩子的情操，成为孩子成长的风向标。一般说来，学习型家庭的孩子喜欢读书，勤劳型家庭的孩子热爱劳动，和谐型家庭的孩子注重礼貌，民主型家庭的孩子懂得尊重。不同的家风都会在孩子的意识和行为中打下深刻的烙印，在他们性格、品质、价值观的形成中产生巨大影响。孩子生活在良好的家风中，心情舒畅、心理健康、情趣高迈、学习奋进；反之，则精神空寂、心神不宁、态度消极、学习松懈。

家风，是家庭文化的积淀、伦理道德的传承。建设和谐的家庭风气，形成良好的家风，关键在于主要成员的学识、修养、气度和作风。家长之间关系正常，互相尊重、谦让、理解、宽容，孩子感受到的是温馨、和睦的真诚亲情。我的老家有句话说"房檐水不离旧窝窝"，讲的就是这个道理，前人是这么做的，后人亦步亦趋会跟着这么做。

这也就是说，父母是孩子的终生老师。

正人先正己,家长是必须带头做好的。虽说家风是家教的重要组成部分,但教育无痕、润物无声,通过家庭成员,尤其是家长的日常生活准则、行为习惯和思维方式,经常对孩子进行直接的教育和影响,往往比单纯说教、管教的作用大、收效好。它不仅影响孩子的现在,还会作用他们的未来。要形成好的家风,父母应以身作则、为人表率,不断提高个人的修养,力争将家庭变为孩子德行修炼和素质增强的课堂。

良好的家风在家庭中的积淀和传承,是家庭留给每个成员的宝贵精神财富。然而良好家风的形成,绝非一朝一夕之功,需要长期的熏陶与积淀,必须加强教育,反复训练,注重养成,使其成为每个成员的自觉意识和行为。

温煦的家风啊!是人们最真切的偎依。

2020年2月22日稿讫,西安曲江

第一辑

什么是家风

人是一切社会关系的总和，而家庭教育对一个人的塑造，有不可替代的作用。

家　教

佛教、道教、天主教、伊斯兰教……一切为各区域、各阶层人所尊崇的宗教，有没有一个共同的源头呢？我不敢说我有这个发现，但我们只要深入进去，身体力行，全神贯注地去探讨，就会有这样一个体会，家教该是那个让人都要遵守的源头呢。

我一直在追央视的《记住乡愁》，跟着央视的镜头，看那遍布全国各地的经典村寨，以各不相同，但又基本相同的家教理念建立起来的村社文明，确是值得我们发掘和发扬的。六尺巷的故事，流传得很久也很广。清朝康熙年间，在京任文华殿大学士兼礼部尚书的桐城张英，收到一封来自老家的家信，极言他们家与邻居叶家（一说为吴家）在宅基地上发生的争执。两家旧宅都是祖上的基业，时间久了，本就是一笔糊涂账。欲占便宜的人，最是好算糊涂账，不顾对方，往往都只相信自己的算计。两家纷争起来，各说各的道，各讲各的理，谁都不肯相让。地方官因为事涉当朝尚书，也不愿意插手其中，便是街坊邻人，同样怕惹是非，而不敢轻易插话，致使纠纷越闹越大，家人没了办法，飞书京城，欲求张英招呼地方官员"摆平"叶家。张英阅罢家书，捻须一笑，挥笔写了一首打油诗。诗云：

千里捎书只为墙，让他三尺又何妨。

长城万里今犹在，不见当年秦始皇。

飞书来京的家里人，把张英的打油诗火速带回家。家里人见信喜不自禁，拆开来看，心里败兴，但仔细想来，唯有"让"字，是解决问题的最佳措施。他们遵照张英的打油诗，自己主动拆除墙垣，先让出三尺来。"宰相肚里能撑船"，尚书的打油诗和他们家的忍让举动，感动了与他家争执的邻居，他们也自觉推倒围墙，向侧旁让出三尺。张、叶两家合计让出的六尺巷子，不仅和睦了邻里关系，还方便了大家的出行，至今，都让人思索，为之获益。许多年后，时任国务院副总理的吴仪，来桐城视察，驻足六尺巷，也留下了"大度做人，克己处事"的评价。

今年（2016年）的春晚，赵薇的一首歌，更是唱绝了六尺巷的历史蕴含，以及现实需求：

我家两堵墙，前后百米长，
德义中间走，礼让站两旁。

我家一条巷，相隔六尺宽，
包容无限大，和谐诗中藏。

这是家教的力量。如果少了家教，或者欠缺家教，就不可能有相让出来的六尺巷。

家教是一种内修，要求本家人，祖祖辈辈，言传身教。英明的张英做到了，著名的司马光也做到了。司马光砸缸的故事，家喻户晓，但是他小的时候，也是会说谎的。

成人后事功彪炳的司马光，年少时还不止一次说谎，民间传说和历史记述的就有三次，一次是他剥花生皮的事，一次是他作文抄袭的事，另有一次是他吃核桃除核桃仁皮的事。《弟子规》故事之五十六，所云"过能改，归于无；倘掩饰，增一辜"，说的就是这件事。一次，他跟姐姐一起剥核桃吃，核桃仁上的那层薄皮入口又苦又涩，很难剥净。姐姐的办法好，让他把核桃仁浸在碗里，用水泡一会儿剥，薄皮变软发胀，就能很好地剥出白亮亮的核桃仁吃了。司马光如法炮制，吃得那叫一个美。姐姐有事出去了，父亲司马池来了，看见司马光剥除核桃皮的办法很有效，就问他谁想出来的办法，司马光随口说是自己。父亲司马池大大地夸了他一番。正夸着，司马光的姐姐进来了，向父亲说明这种剥核桃皮的方法，不是弟弟想出来的，也不是她想出来的，是后厨的一个丫鬟给她说的。刚刚夸奖儿子的父亲，转换了语气，把司马光狠狠地批评了一顿。

说谎被父亲批评，司马光记在了心里，决心做一个诚实的人。为了堵住说谎的嘴，长大后，还自觉给自己取了字"君实"。大家把他"君实"的字叫在口上，让他时刻注意着，什么时候都必须诚实守信，正直无私，廉洁奉公。他坚持这么做，还要求他的子女代代相传，一直做下去。

我举例的六尺巷故事，以及司马光成长的故事，都在证实家教文明，之于一个家庭，一个人，及至一个国家，是何等重要啊！凡有历史功德，且为人师表的大贤臣圣，谁不是注重内修，加强内修而成长起来的。我不敢把我家的家教与张英、司马光家的家教类比，但我以为也是值得总结和写出来的。

小时候，我的床边故事就是听父亲讲我的爷爷是怎么教养我的父亲他们的。我的大伯二十岁出头，就已做了陕西靖国军的一个营长,家里翻修上房,爷爷捎话,要大伯回来看一看。话捎去了,大伯却一直不见回来,爷爷等着大伯,一直等到上了梁,浇了木,铺上苇箔往房顶上复泥列瓦的日子,大伯回家来了。

回家来的大伯,骑了一匹枣红色的大马,还跟着一位马弁和两位勤务兵,像一股风似的从村子刮过。出息成我大伯这样的男儿,在我们村是少见的,他是爷爷的骄傲,也是村里人的骄傲。大伯绝对没有想到,他在家门口刚跳下马来,带回家的银圆还没送到爷爷的手上,就被闻讯赶来的爷爷,提着沾满泥巴的铁锨,一锨拍翻在了地上。大伯什么也没说,站起来把装着银圆的一个帆布挎包往爷爷怀里一塞,自己脱了鞋袜,挽起军裤,跳进了旁边的一堆草泥里,深一脚、浅一脚地踩起来。家里翻修上房,踩泥是个"霸王活",大伯想要以此消除爷爷的愤怒。可是一点作用都没有,爷爷把大伯送到他怀里的银圆挎包,"嗵"的扔进了草泥中,抡着他手里的铁锨,扑着还去拍打大伯。跟随大伯来的马弁和勤务兵,哪里见过这样的阵势,在部队上,从来都是大伯威风凛凛地教导训诫他们,兴冲冲回到家,茶没喝一杯,饭没吃一口,即被家里的老人打得草泥里乱踩,他们看不下去,同时也是责任,团团围上去,把爷爷拉住,让他打不着大伯。

爷爷打不着大伯,身子受到围困,但他嘴是"解放"的,他大骂大伯少教无礼:"你出息了,有本事了,回来给我作势(陕西方言）呢？回来给村里人作势呢？"

大伯的马弁和勤务兵劝说着怒骂的爷爷，一个说我们首长不是回来了吗！一个说我们长官公务缠身！一个说我们头儿事情多！三个人的劝说，没能劝住爷爷，爷爷打得更起劲了，满嘴的唾沫，骂我大伯："你首长了？你长官了？你头儿了？你就这么首长？你就这么长官？你就这么头儿？"爷爷骂着，把沾泥的铁锨在自己身上猛的拍了一下，责骂自己："子不教，父之过"，说他不把大伯教好了，还怎么给人当首长、长官、头儿？！

大伯被爷爷的铁锨、大骂，拍醒了，骂醒了，他从草泥里出来，牵了他的枣红马，赤脚从村街上走过，走到出村的路上，一直走出去三里路，在路边，把自己腿脚上的泥擦去，穿上马弁和勤务兵给他拿来的鞋袜，整理好衣扣，戴端正帽子，让马弁和勤务兵落后他百丈距离。他在前头走，马弁、勤务兵后边跟，一步一步，重新走上进村的路，一步一步，重新走上村街，一步一步，重新走到我家门口，走到爷爷的跟前，脱去军帽，给我爷爷跪下去，磕了个头，被我爷爷扶起来，双手相携，这才进了我家的门。

大伯抗日牺牲在了黄河东岸的中条山，我没有见过大伯，家里有一帧他戎装的遗像，佩刀带枪，还戴了一副圆圆的黑框眼镜，十分英武，十分帅气。从大伯的遗像可以看出，他生前气派非凡。

大家庭惯骡子,小家庭惯娃娃。爷爷说过这句话没有?我没听说过,仅从他教训大伯的事上,可以知道,他是不会娇惯自己娃娃的,无论他的娃娃年纪尚小,还是已经成人,如果无教或者失教,都不免受责施教。

我们家是个大家庭吗?在乡村社会里,应该是算得上的,曾经的日子,我家的牲口圈里,有骡子有马,听说饲养得油光水滑,很是得宠受惯。到我爷爷去世,我父亲他们一辈分门立户,都有了自己的小家庭,但大家庭生活的礼规却丝毫未变。我父亲对我们兄弟姐妹的教养,抓得似比我爷爷还要紧。这应验了父亲挂在嘴上的一句话"房檐水不离旧窝窝"。

的确是,前次降雨,从房檐上的瓦槽里落下的雨珠,砸在房檐下的那个窝窝里,再次降雨,再再次降雨,从房檐瓦槽里落下的雨珠,绝对不会偏去原来的窝窝,叮叮咚咚,叮叮咚咚……都会端端正正地砸在旧窝窝里。父亲继承了爷爷的秉性和礼规,他自己做得就很好,因此教养我们一辈,自然不会有半点松懈。我在兄弟姐妹中最小,看在眼里的情景是,常常因为一些小事,父亲就要拽着哥哥姐姐的胳膊,去到村里人家门上去,按着哥哥姐姐的脑袋,他自己向邻居赔礼,哥哥姐姐向邻居认错。

父亲去世早,没能如爷爷那么轰轰烈烈地教训我大伯那样教训我们，但就经常拽着哥哥姐姐的胳膊，上门向邻居赔礼认错，让年龄尚小的我，也是很震惊的。因为我知道，哥哥姐姐许多次向人赔礼认错，不都是哥哥姐姐们的错，恰恰是赔礼认错的人家的孩子的错。就这个问题，哥哥姐姐与父亲讨论过没有，我不知道，少小懵懂的我，就曾严肃认真地问了父亲。

我问父亲："哥哥姐姐没错，为啥还要给人赔礼认错？"

父亲对我的发问，像早有准备似的说："赔礼认错，叫你娃娃低人一等了？没有，你哥哥姐姐在人眼里，还会高人一等。"

我父亲坚持着他从爷爷那里继承来的礼规，严格仔细地教养着我们，便是我的母亲，也一点都不马虎，她站在父亲一边，支持父亲对我们的教养。母亲从她自身出发，要求着她的孩子时，仿佛与父亲分了工，对我的两位姐姐教养得尤为上心，不论锅上灶上，还是纺车织机，以及待人接物，都要求得很严，抓挠得很紧。母亲有一句话，说得咬牙切齿。她是说给我的两个姐姐的。

母亲说："我不能把你俩推出门，让人家说我把你俩生下来，在窗台上晾了晾就给了人吧！"

家教在一个家里，就是这么没理而有理，就是这么无用而有用。

2016年3月10日　西安曲江

家　道

中华古之哲学所谓一个"道"字，是很需要认真领悟的。老子的《道德经》第二十五章，明确提出"道生一，一生二，二生三，三生万物。"这该是老子对人类的伟大贡献了，他认为道即是自然，自然也就是道，一切莫不如此，"日月无人燃而自明，星辰无人列而自序，禽兽无人造而自生，风无人扇而自出，水无人推而自流，草木无人种而自出……"老子的自然观，数千年来，不仅成为中华文明的核心，也获得了世界文明的普遍认同。

那么由老子的"道"而生发出来的"家道"呢？自然又长期地为世道人心所推崇，并且发挥着巨大和深远的作用。

就我的认识而言，"家道"所指，一为成家之道。隋时王通在他的《文中子·礼乐》篇说："冠礼废，天下无成人矣；昏礼废，天下无家道矣；丧礼废，天下遗其亲矣；祭礼废，天下忘其祖矣。"几百年过去，到了宋时的秦醇，亦在他的《谭意歌传》中强调："意治闺门，深有礼法，处亲族皆有恩意，内外和睦，家道已成。"倏忽之间又是几百年，清代的刘大櫆在他的《卢氏二母传》里再次重申："嫡妾之义不明，则家道乖而父子之恩绝，兄弟之伦废矣。"

前人之于"家道"的论说，或许存在着他们自己的局限性，但不影响他们对于这一命题的基本立场，是值得我们肯定的。其上为之一说，其二要说为"家业和家境"，正如《梁书·明山宾传》云："兄仲璋婴痼疾，家道屡空。"宋人罗烨《醉翁谈录·红绡密约张生负李氏娘》云："才经三载，家道零替，生计萧然，渐至困窭。"那么其三是怎么说呢？大抵指向"家庭的命运"。宋人蔡绦《铁围山丛谈》卷四云："兄念家道，死丧殆尽，今手足独有二人。"《红楼梦》第九十五回云："探春心里明明知道海棠开得怪异，宝玉失得更奇，接连着元妃姐姐薨逝，谅家道不祥，日日愁闷，那有心肠去劝宝玉？"

引经据典，是我作文的一个短处，唯恐引据有误，害人害己，但我来写"家道"，忍不住是非要引、据不可了。引、据以上这么三项，我们大概可以知道"家道"的基本意蕴了。那么，我将怎么继续往下写呢？我想从我曾经的生活阅历中，找出几件活生生的事实来写，才可能写得鲜活，写得有趣。

二十世纪六十年代初的时候，村里许多人家，饥肠辘辘，家人见了面，都说对方的眼仁是绿色的。在这样一种饥馑的年代，细心的村里人发现，村头上"戴了地主帽子"的那家人，几天了，不见烟囱里冒烟。这叫村里人好不焦虑，知道他家是断炊了。

断炊即意味着死亡！

是夜，小小的我睡得正酣，可是父母把我叫醒，让我穿上衣服，拿了两穗玉米棒子，要我投到断炊的地主家里去。那是两穗新鲜的玉米棒子，嫩得一掐一包水，煮了或是烧了吃，可是非常香的呢！我不知道父母是从哪儿得到这两穗嫩玉米的，也不明白为什么要把我们饥着肚子的好吃食投进地主家里。我不知道，我不明白，但我架不住父母的指派，穿上衣服，拿着玉米棒子，乘着暗夜往村头走，一路上回了几次头，发现父母远远地跟在我的身后，检视着我，看着我走到村口地主家的院墙边，把两穗嫩玉米棒子，投进了地主家的院子里。父母等着我，等我回头走到他们跟前，把我抱起来，抱回家继续睡觉。

来日天明，地主家的烟囱里冒出了一股炊烟。

从此以后，地主家的烟囱里再没断过烟。许多年过去，土地重新分配给了个人，地主家的成分也摘除了，戴着的帽子也摘掉了。他们才说，家里断炊要饿死人的日子，先是有人给他家投嫩玉米棒子。有了头一次，后来接续不断地有人投玉米棒子或是红芋、土豆什么能吃的东西。他家感激村里人的这一份好心。

时至今日，我一直不知道除了我之外，还有谁往他家投递食物，又是怎么往他家投送能吃的食物。但我从父母的嘴里知道，村里人这么做，都是为了报答。

他们家道好，为人心善。

父母亲这么说他们家，村里人都这么说他们家，为村里人赞许的"家道"好，"心善"，在那个残酷的时代，在暗夜的掩护下，人性抹平了阶级的差距。

父母监督我投送到地主家的嫩玉米棒子，是父母偷来的；他人投送到地主家的嫩玉米棒子、红芋、土豆什么的，也是偷来的。偷在那个特殊的时期，一点都不为耻，事后说起来，虽然脸上要飞起一抹红晕，但心里却自有一份荣耀。

真相在一步一步地显露着，原来村里人用自己很不光彩的偷，回报这个地主家庭，那是因为他们在1929年和1932年关中大饥荒的时候，也用偷的方法救济过村里人。

白天客来客往，大红绸布装饰着门脸的地主家儿子娶了新媳妇。是夜洞房花烛，新婚缠绵的小夫妻，听到院子里有人在走动。小夫妻当成了有人听房，开始没咋当回事，慢慢地听出问题来，听房的人不但不趴他们洞房的窗口，反而是刻意地躲着他们洞房的窗口。小夫妻想要查看个究竟，穿衣开门，小夫妻看到的情景是，有几个人借口听房，在偷窃白天宴客剩下的蒸馍和面条。小夫妻的眼睛，看着偷窃的人，偷窃的人看着他们小夫妻。就在这个紧要关头，新婚夫妻的父母房里灯亮了，父母似乎也听出了院子里的异常，想要出来查看。千钧一发之际，新婚的小娘子扯了一下小夫君的袖口，她说话了。

小娘子说："听房吗？听房就大胆地听，到我们洞房里来，房里有烟有糖果，大家也可尝一口。"

小娘子说着，还动手去拽偷蒸馍、面条的村里人，把他们拽进了洞房，让他们逃过了被捉拿的风险。最终，小娘子和新婚的丈夫，假戏真做，把偷窃他们家蒸馍、面条的村里人，大摇大摆地、体体面面地送出门。新进门的小娘子还撺掇着她的丈夫，把村里人未能偷出去的蒸馍和面条，用布袋装好，扔出院墙，投送到了院外，让来偷窃的村里人带走了。

这件事情早先没有传开，有了村里人给年老后的小娘子投送嫩玉米棒子、红芋和土豆等故事后，才在村里传说开的。我听我的父母在家里说过，而且不是一次地说过，父母监督我头一回给年老了的小娘子投送嫩玉米棒子回到家，就给我说了这个没有传说过的传说。

父亲说:"人家家道好的时候,没有看着村里人家道不好不帮助大家。"

母亲说:"人家如今家道不好了,咱要凭良心帮助人家。"

知恩报本,孝悌睦邻,家道就这么在我们村传承着,当然也在我们村的许多家庭里传承着。发生在我家的一个传说,也十分典型。传说我家祖奶奶的奶奶,受穷抓养了三个儿子,儿子大了,都娶了妻,成了家,祖奶奶的奶奶,家大业大,生意做出了村子,做出了州省,做到了四川、贵州、云南等省份,祖奶奶的奶奶觉得她的年纪大了,想要在三个儿媳里发现一个理财帮手,到她老百年的时候,也好把管家的钥匙传下去。祖奶奶的奶奶,把她的三个儿媳叫到房里,给了每人一张麻纸的蚕种,说她要出门去,巡查家里在各省的生意,要儿媳妇们在家不要荒闲,把她给她们的蚕种孵出来,好好养蚕,等她回家来,谁养的蚕收成好,谁就来做她的助手,帮她掌管家财带钥匙。

祖奶奶的奶奶,安排好儿媳们的营生,便头也不回地越秦岭,去四川,到贵州,上云南……熬了三个多月,回到家来,头一件事是验收三个儿媳养蚕的成果。祖奶奶的奶奶一房一房地走,一房一房地查验,她看见大儿媳的蚕茧收成最多,在她的房里堆积如山;二儿媳的少一点,但勤快的二儿媳把蚕茧已经煮在锅里，抽成了一束一束光光亮亮的蚕丝；到三儿媳的房里，祖奶奶的奶奶，没有看到蚕茧，也没有看到蚕丝，她只看到一张废在一边蚕种麻纸，和一张新的蚕种麻纸，废弃的蚕种麻纸，是她离家时交给三儿媳的，新的是三儿媳自己买来重新孵化的，而且已有密密麻麻的蚕虫，破卵而出，被三儿媳用一羽鸡的尾毛，轻轻地扫着，扫到她的手心里，捧着放进铺了鲜嫩桑叶的一面竹箩里……外出的婆婆回家来，查验她们妯娌养蚕的收成，三儿媳没能把婆婆交给她的蚕孵化出来，正愧悔着，面对查验成果的婆婆，她没有脸红，也没有不好意思，坦诚老实地说是用了心的，但再怎么用心，都没能使婆婆给她的蚕种孵出蚕宝宝来，她没有办法，自己掏钱买了一麻纸蚕种，用了一样的心，这才把蚕宝宝孵化出来了。

　　祖奶奶的奶奶，把她的三儿媳拥在了怀里，牵着她的手，到了她的房子，同时差人叫来了大儿媳、二儿媳，她向她们说了三儿媳的情况，要她俩说说她们是如何孵出蚕宝宝的，如何养蚕宝宝，如何收蚕茧，如何缫出来蚕丝。大儿媳没有客气，大言不惭地说她如何辛苦，如何费神，如何上心，把婆婆给她的蚕种孵化出来，养大养肥结出蚕茧；二儿媳像大儿媳一样，也是面不改色心不跳地说了她的付出和劳动，收获了那么一些蚕丝。两个儿媳说完了，当婆婆的祖奶奶的奶奶冷冷地笑了一下。

祖奶奶的奶奶说："你俩倒是有办法，把我开水锅里煮过的蚕种都能孵出蚕宝宝来？我不信，你俩信吗？"

两个做谎弄谎的儿媳，低下了满嘴谎言的头，低眼看着婆婆把她腰间挂着的账房钥匙取下来，很是庄重地交到了三儿媳的手上。

祖奶奶的奶奶给三儿媳说："家道唯诚，家道守信，财认诚信人，钱找诚信人，你要牢记在心里。"

祖上的这一故事，在我们村一直传说着，到现在依然说得有鼻子有眼，产生着非常积极、非常正面的影响。即便是在最困难的时期，家人陷入空前的绝望之中，因为我们家的家道为人称道，活着的人，就没有受太大的罪，到我们兄弟姐妹长到成婚论嫁的时候，总是有人主动走上门来，给我的哥哥们说媳妇，给我的姐姐们说婆家。

我几次听到我妈对来提亲的人说："我家情况你知道。"

我妈话里的意思，是说我家的情况不怎么好，要提亲的人心里有底，不敢耽误人家。提亲人听得懂我妈的话，他们不等我妈把话说完，就截住了我妈的话。

一个提亲的说："我们心里有底，你家家道没得说，好着哩。"

再一个提亲的说："好着哩，好着哩，你家家道好着哩！"

原来的乡村社会，一个家庭的家道，是不论贫富的，家道好，贫也不会被人嫌弃；家道不好，富也难得受人尊敬。

这是一个家庭外修的结果。

2016年3月12日　西安曲江

家　风

"云逼秦岭酝酿雨，竹扫轩窗议论风。"在秦岭北麓的大峪和库峪之间，有个叫魏家岭的小山梁，居住着百余户的人家，去年西安大热的时候，朋友武强开车拉我入秦岭避暑，路过魏家岭，直觉这里的风水不错，就和村主任商讨，把他新建的宅基租下来，办了个农家书屋，同时还挂了"吴克敬工作室"和"吴木匠作坊"的牌子。吴克敬就是吴木匠，吴木匠亦即吴克敬。我初来这里，眼看对面的山色，回听身后的竹喧，没怎么多想，就为我此后将要写作加木作的地方，拟写了这样一副对联，默写出来，刻成板子，挂在了门两侧。

从乡村进入城市，吃了多年城市的市场饭，喝了多年城市自来水的我，年过花甲，又回到乡村来，我有一种发自内心的喜悦。

我体会到了风的吹拂，如我对联里写到的竹风一般，既是自然的，也是精神的。上网搜索，定义自然的风，是由空气流动而引起，是太阳辐射热的产物。那么精神的风呢？上网搜索没有答案，但我知道比自然的风要丰富得多，广阔得多，士风、乾风、宗风、乡风等等"风"在后的说法，汗牛充栋；再是"风"在前的风气、风尚、风俗、风情等等，更是多如星辰，无法计数了。

我要讨论的"家风"自然也在其中。

那么何为"家风"？上网搜索的答案多种多样。有人说，"一个词，一句话，一个家里的故事，一段家庭的记忆，都是自己家家风的呈现"。有人说，"家风就是家中代代相传的精神风貌"。有人说，"家风是包罗文化密码的家族文本，是建立在中华文化之根上的集体认同，是每个个体成长的精神足印"。关于"家风"的说法，我在网上发现还有很多，之所以列举出这三个人的说法，是因为我认同他们，以为他们说对了。

村邻家的一个故事，就很能说明问题。

村邻兄弟姐妹五人，父亲去世早，是他母亲守寡拉扯着他们，把他们拉扯大，男孩儿娶了妻，女孩儿嫁了人。母亲完成了她的使命，母亲也老了，老得做不了活，用他们母亲的话说，

"都是我年轻时活累遭的罪，到老了都来了，腿痛胳膊痛，脑瓜子也痛，我成了娃娃们累赘，成了娃娃们的祸害。"病痛爬在炕上的老母亲，轮换着由他的儿女们养，大儿子一个月，二儿子一个月，三儿子一个月。乡村里的习俗，嫁出门的女儿可以不尽赡养父母的义务，但也不能一点孝都不尽呀，所以，大女儿过几天，把母亲接到她家里养些日子，二女儿也把母亲接到她家里养些日子……一年两年地轮换下来，出问题了，大儿子养了母亲一个月，到二儿子接的时候，二儿子没有来，好容易找了来，接回去养够一个月，到三儿子要养的时候，三儿子不见了踪影，好在还有大女儿，二女儿，捎话接了去，两边养了一段时间，姐妹俩把母亲用架子车拉回到我们村子里来，给她们大哥家送，大哥没说什么，大嫂挡在大门口，给两个嫁出门的妹子说，老三把他养娘的一个月日子还没养，你俩把娘送老三那边去吧。

老三的确没尽他养娘一个月的义务，姐妹俩没和大嫂拌嘴，拉着老娘去找老三，在老三的家门口，结结实实地吃了个闭门羹。老三家的大门上挂了一把大铁锁，仔细看，锁上的时间不会久，姐妹俩就等在大门外，等到天黑，都没有等回老三。姐妹俩没办法，加之等人等得时间久，口渴肚子饿，就又拉起老娘往老大家里去，老大家的大门上，像老三家一样，也挂了一把大铁锁。姐妹俩口渴肚子饿，那么老娘呢？身体本就病弱的老娘，自然比姐妹俩还要口渴肚子饿。

老娘闭着眼睛,老娘不说话。

姐妹俩连吃两家闭门羹,心急火燎地再去老二家的门上。老二家的大门倒是没挂大铁锁,姐妹俩拉着老娘,去推老二家的大门,轻推不开,重推不开,这就敲上了,先轻敲,后重敲,轻敲没人开门,重敲还是没人开门,姐妹俩泄气了,落泪了,看着闭眼不说话的老娘,姐妹俩说上了。

姐姐说:"我哥他们是娘养的吗?"

妹妹说:"是娘养的,咋能这样呢?"

村里看到她们姐妹的好心人,这时端来了热汤热菜,让他们母女吃用,唉声叹气,却没人说啥。姐妹俩陪着老娘,就在老二家的门楼下,坐等了一个晚上。来日早晨,为娘的说话了。

老娘说:"你俩都回去吧。我看他们还能饿死我不成。"

姐妹俩听从了老娘,抹着眼泪,三步一回头,两步一回头地走了。走后的姐妹俩,三日过去,想来娘家看看情况,但姐妹还没动身,就等来了报丧的人,说她娘死了。

娘是怎么死的呢?姐妹俩哭喊着到了娘家,听人说三天三夜,病弱的老娘,这一黑爬到大儿子家的门楼下熬一夜,下一黑再到二儿子门楼下熬一夜,又一黑又去三儿子的门楼下熬一夜,到死的时候,没有爬在哪个儿子的门楼下,而是自己挣扎到大街上，死在街头上了。

老娘死得恓惶，死后却埋得红火。

三个儿子出钱，吹手班子、戏班子的请到门上来，杀猪宰羊的待承街坊邻里和亲朋，把母亲热热闹闹地送进坟地。这是我们周原人的风俗，谁都要走这一步。他们兄弟姐妹埋葬了老娘。三年过去，到了母亲忌日，是还要再杀猪宰羊的，再把街坊邻里和亲朋们请来，叫上吹手班子、戏班子，吹吹打打热闹上一天，喝五吆六地吃喝上一天，到坟里去，架起纸火，把兄弟姐妹们穿了三年的孝衣卸下来，投进纸火里烧掉，兄弟姐妹们就算是尽了孝，就算把丧母的一场悲情事扔过了头。可是，三年的孝衣，要卸下来是不由兄弟姐妹自己的。这是千百年来遵守的一条乡村礼俗，兄弟姐妹身上的孝，是要他们娘舅家的长辈来给他们卸的，是孝帽了脱孝帽，是孝鞋了脱孝鞋，是孝服了，一颗纽扣一颗纽扣的，要娘舅家的长辈给他们解开来，脱下来，烧了去。

然而没有，娘舅家的人，老的小的，像是忘了还有这么一场事似的，没有给他们兄弟姐妹卸孝，齐刷刷地跪在他们家老姐姐的坟前，扯了一声长哭，磕了一个响头，站起来，拍拍膝盖上的土，就从坟地里走开了。

娘舅家没给他们兄弟姐妹卸孝。

没有卸孝是一种态度，向世人表明，他们兄弟姐妹都是不孝之辈。

不孝的罪名压在他们兄弟姐妹的头上，几十年过去，都没脸抬起来。前些日子，村里有人进城办事，找了我，给我又说了这件事。来人说了，当年的事情重复到他们自己身上了，他家老大，也是三个儿子，两个女子，他像他老娘一样，现在又轮在几个儿子的家里来养了，在几个交接的晚上，还像他老娘一样，就在被交接儿子的门楼子下过夜了。

我听得心酸，说："他们家的家风如此，怪不得他人。"

来人与我感同身受，说："这种不好的家风，什么时候是个头呢？"

来人的慨叹，正是我的慨叹。社会发展到今天，家风问题不是弱化了，而是在强化，好像是，走到哪儿，都能听到儿女不孝，老人受虐的事情。各地法院，因此还把官司打到了电视上，为的是教育人，规范人，要尽好为人子女的义务，却似乎收效并不怎么明显。

良好的家风，正是人的灵魂和精神的凝聚，并如风一样，给人以滋养，给人以精神的确立。

我是一个木匠，就在距离我的"吴木匠作坊"不远处，曾有一位盲人木匠，他叫魏旦旦。1994年春，我从《咸阳日报》调进《西安日报》，在来西安上班的59路公交汽车上，耳闻了盲人木匠魏旦旦的故事。

因为我曾经的木作经历，耳闻魏旦旦的故事，就特别惊奇。我能想象，一个盲人可以成为一位杰出的音乐家，譬如创作了《二泉映月》的瞎子阿炳；我能想象，一个盲人可以成为一位伟大的诗人，譬如创作了《荷马史诗》的荷马；我能想象一个盲人可以成为一位博识严谨的史学家，譬如坚持"自由之思想，独立之精神"的陈寅恪……我能想象出一个盲人可以成就自己辉煌的种种可能，唯独不敢想象一个盲人可以成为一位受人尊重的木匠。

木匠行里，一根墨线是准绳。

盲人看不见那一根墨线，他怎么走锯？他怎么凿卯？他怎么接榫？还有扯钻钻眼，平缝合板等等木匠要做的工序技能，哪一样没双好的眼睛做得了？可是，传言的人说得言之凿凿，不由我不信。我向传言的人问了魏旦旦的地址，到《西安日报》上班的头一天，就骑了一辆自行车，去了长安县（今西安市长安区）的魏旦旦家，和他交流了一个上午。

魏旦旦先天只是一只盲眼，好的那只眼睛，因为一个意外，亦不幸致盲了。致盲了他眼睛的人是个木匠，他主动承担起了魏旦旦的养育之责，并在长期的养育过程中，指导悟性很高的魏旦旦，创制了许多盲人能够使用的角尺、刻线及一切要用的专用工具，魏旦旦成了一个受人敬重、被人信任的好木匠。

魏旦旦在我搭手给他拉锯时，敏感地意识到我有木作经历，所以他给我说起过去，没一点障碍。他讲道，有一段时间，特别恨致盲他眼睛的义父。是哩，自觉承担了魏旦旦养育之责的老木匠，后来在魏旦旦的强烈请求下，成了义父。魏旦旦说，义父不容易哩，他不放弃自己的责任，教会了我的不只是木匠手艺，他还教会了我很多做人的道理，使我知道，"人活一口气，也活一口饭"。他把我眼睛致盲了，又让我学到了这么多东西，我还能恨他吗？

义父是我的恩人哩！

知恩报本，在魏旦旦这里得到了最真切的体现。他娶了妻，生了子，两子一女，日子过得温馨而又安逸。义父病了，是他端屎接尿地侍候义父；义父去世了，是他穿白戴孝给义父送的终。我把我采访的魏旦旦，写了个通讯，不到一千字，突出了"人活一口气（精神的问题），人活一口饭（物质的问题）"，还突出了恩仇转换的民间情怀，刊发出来，当年不仅获得了省、市新闻奖，上报到全国，还评上了全国新闻奖。

我到魏家岭自己租用的"吴木匠作坊"里来，向村里人打听魏旦旦，大家都说知道，而且又都感慨魏旦旦眼睛盲了，心不盲。他现在老了，做不动木匠活儿，跟他儿子女儿进城享福去了。他的两个儿子，一个在西安工作，一个还出了国，在外国挣他们的洋钱哩。他的女儿也出息，是一个大学的教授。

听着魏家岭乡党对魏旦旦的叹羡，我还能说什么呢？

我说："他家家风好啊！"

乡党们全都同意我的看法，一哇声附和我，说："对着哩，好家风才能育出好儿女。"

我在前文说了，家教是一种内修，家道是一种外修，那么家风呢？应该就是内外兼修了。

好的家教，好的家道，好的家风，可都是自觉修出来的呢！

2016年3月14日西安曲江

家之格局

家是什么？中堂是什么？这个不是话题的话题，在今天还是需要说一说的。

我们今天的家都是三口之家。这没有错，的确是我们今天的普遍情况。这样的家似乎少了些不可少的东西，譬如中堂，我们今天的家，就很少有了。不过，我倒是想要先说一说家教、家道和家风，不把这三个东西说明白，就不能说清楚中堂。

我们知道家教，指的是家庭内部家长对子女的言传身教，家长通过自己实际行动来教育子女做人做事的礼节。传统意义上的家教，不仅要教育子女们懂礼节，更重要的还在于道和德，是人生所要重视的内修。那么家道呢？正如俗话所说，"男人无志，家道不兴。"男性必须志在四方，扬名立万，事功千秋，这可不就是外修么！还有家风，简单地说虽是一个家庭的风气，但其影响是巨大的。家庭成员的态度、行为，存在于家庭生活的日常之中，表现在大家处理日常生活的各种关系中，犹如一种磁场，被人们深深地感受着，让人们发自内心地服从和遵守。这是一种潜在而无形的力量，在日常的生活中潜移默化地影响着家庭中的每一个人，是一种无言的交流、无字的典籍、无声的力量，是最基本、最直接、最经常的沟通。可以说，有什么样的家风，就有什么样的家庭。

家风相连成民风，民风相融汇国风。家风起自家庭立足于家庭，其作用可以对社会的进步、人性的升华、民族的凝聚、文明的拓展，都产生巨大而深刻的影响。所以说，家风是一个人内外兼修从而成人的根本。

中堂之于家的作用就在这里，可以最明朗、最清晰、最直接的融通家教、家道、家风之核心，以书画的方式，悬挂在家庭之中，让家庭成员，随时都能够获得教益。

中堂成为风气，有说起于宋，也有说起于唐。唐、宋置政事堂于中书省内，为宰相处理政务之处，中堂之说，最初因宰相在中书省内办公而得名，后称宰相亦为中堂。慢慢地散入民间，深入进寻常百姓家里，中堂便以书画的形式，占有了非常显要的位置,并且起到了十分重要的作用。

传统家居的布局,厅堂是最为讲究、最为用心的地方。以厅堂的中轴线为基准,首先是家具的陈列,板壁前放长条案,条案前是一张四仙或八仙方桌,左右两边配扶手椅或太师椅,家具整体采用成组成套的对称方式摆放,体现出庄重、高贵的气派。依照传统习惯,扶手椅或太师椅的座序以左宾或左为上、右为下排序,无论长辈还是僚幕皆宜"序"入座,这叫坐有坐"相",这个相,既是形式,又是内涵。这里值得一提的是,即使是家族中位尊的主人,不行仪式之时,平时也只在右边落座,一是表示谦恭,二是虚位以待,因此,中堂的座椅不经常使用。当堂屋兼做佛堂时,则翘头案正中有设佛龛,或设置福禄寿三星,或供奉已故亲人牌位,案上配置香炉、蜡扦、花筒等五供,用于祈福和感念。

厅堂里家具是要以"礼器"来对待的,正中央最显眼的位置,悬挂中堂,或书法或图画,再配上"对联",寓意吉祥安康、富裕高贵,把外在的规范和内心的真诚,含蓄而深刻地诠释出来,执守家庭人等,都要借此连接血亲,涵育良心。

2016年4日13日　西安曲江

成家立业

敬佩祖先的智慧，经验性地总结出"成家立业"这个词句。

成家在前，立业在后，紧密相接，紧密相连，指导着我们的生活，幸福着我们的生活，成为我们生活里，不是戒律，却胜似戒律的一种文明，一种文化。回头看来，我们自己，我们父辈，我们祖辈，以及祖祖辈辈，因为一句"不孝有三，无后为大"的话的提醒，差不多全在适婚年龄，就都结婚成家，走进自己的婚姻，开始自己共同立业的道路。

不能说先成家，后立业的婚姻，就多么美满，就多么幸福，但可以说，因为成家在前，立业在后，而且是共同立业，所以婚姻的基础相对稳固，离婚率相对也要小很多。

这一经验到了今天，遭受到了非常严重的挑战。网络上的调查，醒目地告诉我们，我国的一些城市，离婚率几近40%，而更多的城市也在30%以上。这个数据刺激着我这个年过花甲的人，感觉不怎么舒服，甚至还有点堵心。不知道，当代的婚姻生活，何以如此轻率，何以如此脆弱。

我知道，问题也许是多方面的，用有些时尚评论人士的话说，"离婚率高的现象，从侧面证明，是我们婚姻关系的一种进步。"我虽然不能苟同这一观点，但我也不想纠缠其中，口舌一场口舌不清的口舌。我想说的是家与业的关系，对我们婚姻产生的影响是值得探讨的。

与以往先成家、后立业的婚姻状态不同的是，现在的婚姻，大多时候，大多适婚之人，与过去调了个头，都倾向于先立业，后成家。历史上，一些仁人志士也有过先立业、后成家的豪情，那是因为国家有难，他们挺身而出，喊出"何以家为"的豪言，这是可以理解的，也要给以充分的肯定和表扬。今天的国家，不断地迈向富裕，不断地迈向强盛，已经傲然地屹立在世界民族之林中，我们有必要来场"何以为家"的壮举吗？我想我们应该理性一些，认真地对待我们的婚姻，不要使正常的婚姻，干扰了我们的生活，烦扰了我们的发展。

被人邀请，这些年吃了好几次离婚酒。

我之所以被他们邀请，去吃他们的离婚酒，除了我是他们的朋友，他们信任我，在他们结婚的时候都也邀请了我，吃了他们的结婚酒，还作为来宾代表，为他们发表了结婚致辞。我能记得给他们的致辞，少不了互谅互让，幸福美满，白头偕老的句子。可是他们没有做到，头发不仅没有白，甚至还没有怎么享受婚姻生活，却已走到要吃离婚酒的地步，这叫我为他们惋惜的时候，不得不想，他们怎么就非得奔离婚而去？

我想不明白，苦恼地想了些日子，突然想起，吃了离婚酒的他们，都太优秀了，在他们走进婚姻殿堂时，无论男，无论女，可是都有了一份自己的事业，换句话说，他们都有了一份不菲的财富累积，他们人是快乐走在了一起，但是财富呢？也能走在一起么？

这个问题太复杂了，太不好解决了。

聪明一些的，婚前对各自的财富，都做了公证，被法律保护起来。即便如此，也无法真正解决问题。就在上周六的晚上，我吃了一对朋友夫妻的离婚酒。他们在结婚前，就对各自的财富，坦诚认真，开诚布公地进行公证了，却也没能保护好他们的婚姻。事到如今，坐在一起来吃离婚酒。要知道，我们这对夫妻朋友，为人做事，都极有分寸，而且也极为理智。他们邀请的几位朋友，来吃他们的离婚酒，朋友们没人想得通。其中有位朋友，借着酒说了一句话，顿时使我茅塞顿开，知道他们所以要吃离婚酒的原因了。

那位朋友说："好好的你俩，都是被钱害了。"

我赞同那位朋友的话，也深以为然，财富这个东西，因为先立业而后成家，变成了婚姻生活的负担，婚姻中的双方，都为各自带进婚姻里的财富担心，唯恐自己的财富受损，这还怎么维持婚姻？

要知道，婚姻这个东西，感情是第一位的，如果因为财富，让感情退到次要位置，变成财富的附庸，结果大概只有喝离婚酒了。

怎么解决这一问题呢？我不是诸葛亮，没有那锦囊妙计，而且也无力改变今天的适龄婚姻的年轻人，能如老祖宗一般，先成家，后立业。他们有他们生活的时代，他们有他们选择的自由，这是谁都要尊重的。不过，我还是想说，怎样处理家和业的关系问题，还是值得认真对待的，每一个人有每一个人的现实，每一个人有每一个人的思考，在社会生活多样化的今天，婚姻生活的多样性也是必然的。

最好的办法是，在这样的多样化中，不要使自己的情感生活太受伤就好。

2016年8月6日　北大博雅

家的相思

居住在钢筋混凝土结构的楼宇内，在装饰布置上，可谓费尽了心思，却总是感到难尽如人意，不仅活动的空间小，而且缺少阳光的清明和地气的爽朗。尤其在炎炎的夏日，更感到热浪滔滔，苦闷难挨。不由怀念起绿荫匝地的农家小院，集纳着乡野的灵气，洒落着沁凉的清新，那是一种怎样舒心惬意的享受啊！

黄土平夯的院落里，有一棵枣树，有一棵桑树。枣树下置了一方捶布石，黑油油的石面上，光洁如一面镜子，母亲和姐姐织下土布，用心地浆了，在太阳下晒得还余一点潮气，收起来，折成一厚叠的布坯，平铺在捶布石上，母亲和姐姐便会轮换着举起两根枣木棒槌，很有节奏地在布坯上捶打。即使不在小院，老远也能听见母亲和姐姐的捶布声,节奏忽儿紧,忽儿慢,听着不啻一曲美妙的打击乐曲。听母亲讲,布坯只有浆了捶了,才更耐穿呢!桑树下置了盘石磨,二十世纪七十年代以前,石磨还很忙碌,隔不几天,母亲会借来集体的牲口,套在磨道里拉磨,沉重的石磨转起来,轰隆轰隆地响。不知道为什么,我特别讨厌石磨转动的声音,也怕见牲口戴着暗眼(陕西西府方言,指牲口拉磨时戴的眼罩),绕着石磨转圈的样子,感觉一个鲜活的生命,非被那低沉的声音碾碎了不可。但极喜欢磨缝里不断流出来的碎麦粉,母亲用簸箕收起来,倒进磨道旁的一个面柜的箩儿里,咣啷咣啷箩出细细的面粉来,那可是养命的蒸馍和面条啊!更细的面粉飞扬起来,扑在了母亲的手上和脸上,使母亲看起来白了漂亮了。后来通了电,石磨子不再用了,可是到我离家而去时,石磨还在桑树下盘踞着,显得很沉默的样子。

枣儿熟了会落下来。

桑葚熟了也会落下来。

一个在秋天,一个在夏天。枣儿、桑葚落地的日子,最是小院热闹的时候,母亲会招呼几个大人,撑起一个布帐,摇着树枝,让枣儿、桑葚落下来,接住了,收在一个篮子里,送给一村的人,都尝上一口。

小院里还开着一方小菜园,找来一块一块的半截砖,沿着菜园的周边，狗牙似的栽起来。春上的日子，母亲给小菜园先是施上底肥，把土刨得虚虚的，点上两行豇豆，栽上两行韭菜，又种上几窝丝瓜和油葫芦，以及三两株的向日葵。地表的土一干，母亲就浇一遍水，菜苗长出来，扯出蔓来了，母亲就搭起架子来，到入夏至秋的一段日子，小菜园的收成，让母亲的锅灶上，总是特别的丰富多彩。来客人了，也不用着急，摘一把豇豆，割一撮韭菜，还有丝瓜、油葫芦什么的，也采来一些，或清炒，或干煸，或油焖，凑在一起，就是一顿好饭了。如果是朋友稀客，还会摆上酒杯，亲亲热热地碰了，"吱喽"一声喝下去，脸上便都起了红晕，嘴头上也就放得开了，说一说久不见面的相思之情，聊一聊听来的乡间趣事，这样的日子，是怎样的逍遥自在啊！

好读闲书的我，时常就坐在小院里，任凭蝉儿在树梢上聒噪，任凭蝴蝶从头顶飞过，我喝一口凉茶，翻开一本喜爱的书，钻进墨香四溢的文字中去，有滋有味地品读着，一忽儿可能手拍膝盖，怒骂出声，一忽儿又会眉喜眼笑，呵呵自乐……这才是家的样子啊！

离家太久了。怀念家的样子，感觉又清晰又模糊，意识里乡下的家便成了一幅绝好的水墨画。

豆棚瓜架，蝶飞蝉鸣的农家小院，宛若世外桃源，梦里已回去了许多次，和已经仙逝的母亲，还坐在枣树和桑树下，母亲忙着她的家常，我在一旁读着书。梦醒了，我给妻女说，真想远离喧嚣的城市，抛开碌碌的功名，作别蜗居的楼屋，回到母亲留下来的农家小院里，让心通通透透地安静下来。

2003年12月10日　西安后村

回家的念想

家在哪儿呢？我找不到家，找不到回家的路。这不是哪一个人的问题，而是横亘在我们每个人面前的大问题。当然，我在这里所说的家，不是我们今天普遍存在的三口之家，或大一点的四口之家。我说的是我们精神上的，并且有着明确姓氏标识的家。

我说的这个家，或者称为宗祠，或者称为祠堂，或者称为家祠。

近日去江西的婺源采风，连着走了李坑、汪口、江湾、严田几个称誉为最美乡村的地方，很是幸运地看了几家祠堂，其中有传承数百年而未毁的，譬如汪口的俞氏祠堂，同样还有毁了而新建的，譬如江湾的萧江祠堂。汪口的俞氏祠堂所以未毁，盖因为后来作为村里的学校而很好地保留了下来!

其实,我的出生地陕西省扶风县的闫西村,也有一座我们吴氏祠堂。

那时我虽幼小,却也对村中的吴氏祠堂,有着较为深刻的记忆。记得祠堂的门是村里最大的门,门槛也是村里最高的门槛,便是两厢对立的两个门墩石,也比我们小孩高出一头多,不是石狮子,也不是别的什么瑞兽,而是叫作"抱鼓石"那种样式。我听村里人说,祠堂门口的"抱鼓石",不仅具有装饰、支撑门柱的作用,而且还有辟邪镇宅的大用。此外,也还有一种"遮羞"的巧用,识礼重乐的村里人,非常讲究辈分,辈分小的人,遇到辈分长的人要致礼问候,特别在祠堂前、祠堂里,礼节就更为庄严。然而辈分这玩意,不能说谁的年龄大,谁的辈分就长,往往是,一把白胡子的老人,辈分反要输给几岁多的黄口小儿,见了面怎么办呢?磨不开面子时,白胡子的老人,就需要躲在"抱鼓石"的背后避一避,大家心照不宣,让双方都恰到好处地遮住相对难堪的羞脸。

好像是,"抱鼓石"与门头上的门簪,在乡村还有一个"门当户对"的说法,而"抱鼓石"就是门当了。形似圆鼓的两块石刻构件,高高地承托在同为一块石头的门墩上,最能显示祠堂的尊严与威仪了。

从"抱鼓石"夹峙的高门槛上跨进祠堂,雕梁画栋的头一座房子,是要称为前堂的,再往里走,同样雕梁画栋的房子称为享堂,从享堂的壁龛侧后转进去,还有一座雕梁画栋的房子,又要称其为寝堂了。所谓寝堂,张目看去,后墙面以及两侧墙面,错落有致地排列着数也数不清的小小壁龛,摆放着书写了姓名的过世先祖的牌位;而享堂,在高大的壁龛上,则悬挂着一幅据信为吴氏始祖的画像,而与始祖同享祭拜的,又是几位历史上做出卓越成就的吴氏祖宗。如果在这里一回头,还会看见前堂的两根明柱上高挂的木刻对联。

我记得很清楚,其中的一副对联是这样的:

堂号申明于此众议公断,
室雅清寂借它鉴古观今。

是的呢,前堂的横梁上,就有一面"申明堂"的大匾,而享堂的横梁上则有一面"乡贤堂",以及寝堂横梁上有一面"思亲堂"的大匾,而每一进堂室的明柱上,也都有木刻的对联,"乡贤堂""思亲堂"的木刻对联写的什么内容,我全忘了,唯独没有忘记"申明堂"明柱上的这一副木刻对联。这是因为,有关"申明堂"里发生的故事,还都历历如在眼前。村里吴姓人家,有谁作奸犯科，触碰了国法，即由国法来办，而触碰了族规，就自然地要用族规来办了。怎么办呢？吴姓一族的长者，聚会在"申明堂"里，"众议公断"，依凭的呢？就是张榜在"申明堂"墙壁上的"族规"和"祠规"了。

我便保存了我们吴氏祠堂里的一份简刻油印的"族规"和"祠规"。

族规拉拉杂杂，凡计一十三项，对本家族人的行为，作了极尽可能的规范，其中一些条规，不可避免确有浓重的封建色彩，而绝大部分，都是很积极很有用处的，对规范教化族人崇仁守德，尊礼乐俭，不无益处。

很长一段时间，我们村的吴氏祠堂，被我们吴氏后人，溜了房上的瓦，拆了墙上的砖。半个多世纪，我们吴姓一脉，还都在村里住着，但我们没有了祖先，我们没有了"家"，我们都如孤魂野鬼一般，各过各的日子。直到今天，好像我们把那个大家的家是忘记了。其实不然，那个大家的家依然顽强地根植在我们的记忆里，是为我们无法忘却的精神家园。这是因为有几个词仿佛铜铸的钟鸣，从没间断地轰鸣在我的耳际，那就是每个中华儿女念兹想兹的家国情怀，家国精神，如果有谁胆敢侵犯我们的家园，我们会毫不犹豫地愤而起来，以我们的血肉之躯，保家卫国。

家在我们的心里，大于一切，神圣不可侵犯。

不爱家的人，大言不惭地说他爱国，也许有他自己的道理，但我是不能认同的。我的意识指导着我，我爱我的家，因此我也爱我的国。

问题就这么突兀地摆在了我们的面前，我们想回我们大家的家，但我们大家的家在哪里呢？

2016年4月6日　西安曲江

囚家之乐

囚子。

那年在杜鹏程先生的带领下,去他的老家韩城采风,深入到井溢村、党家村几处颇具韩城乡村风格的村落,与村民们座谈,有些话我怎么都听不懂,特别是他们对自家的婆娘媳妇,都不用这些称呼,而是一句"囚子"就都包括了。对他们的这一称呼,我是抵触的,以为他们太不开化,太歧视女性了。然而过了许多年,我倒是有所理解,觉得他们那么称呼自己的婆娘媳妇,还是有些道理的。

那个"囚"字,仅从《新华词典》的解释来看,是不怎么好,统共几个词例,不是囚犯,就是囚笼,再就是囚首和囚禁,把自己的婆娘媳妇，用这个字来称呼，的确有失公允。但这只是《新华词典》的解释，韩城人另有他们的解释，说是方方正正的一个"口"字，就是方方正正的一家庭院，为家的庭院里，怎么能少了"人"呢。他们这么解释，我们还能反对吗？似乎不好反对了，不仅不能反对，似乎还应该认同。

韩城的文化遗风，对此做着非常厚实的证明。三秦诸县，哪个县比得过韩城人对于家的爱护和维护，就我去过的井溢村、党家村，家家门楣，不是"读书第"，就是"耕读第"，不是"翰林第"，就是"居仁第"，此外就还有"和致祥""慎和谦""孝悌次""忠厚家"等等不一而足。最关键的，还有他们一家一户流传下来的家训，更是让人敬服，我有张采风纸片，就抄录下了党家村村民一致推崇并遵守的家训，内容是：其一，事能知足心长惬，人到无求品自高；其二，傲不可长，欲不可纵，志不可满，乐不可极；其三，动莫若敬，居莫若俭，德莫若让，事莫若咨；其四，言有教，动有法，昼有为，宵有德，息有养，顺有序；其五，心欲小，志欲大，智欲圆，行欲方，能欲多，事欲鲜；其六，富时不俭贫时悔，见时不学用时悔，醉后失言醒时悔，健不保养病时悔；其七，无益之事勿为，无益之人勿见，无益之书勿读，无益之话勿说。正因为他们有着如此完备的治家文化，所以在韩城的历史上，家风正，学风亦正，被人称为"文史之乡"。这不仅因为西汉时的史圣司马迁,还因为宋朝的大诗人张昇、明朝的宰相薛国观、户部尚书张士佩,到了清朝,更有状元王杰等。有人统计过,宋、元、明、清四朝,韩城人考中进士的达115人,其中状元2人。与韩城人闲聊,文雅些的,说他们"士风醇藏",为"解状盛区",民间些的,则说"下了司马坡,秀才比驴多"。

这样一个文脉昌盛的地方,他们称呼自己的婆娘媳妇为"囚子",到头来,我能解释的,就只能是他们的解释了。"囚"是一个家,家里要有"人",这个人就是"囚子"。

家在韩城是这个样子,在别的地方和方面呢?还有太多太多的解释,绝对不是"家"字字面所呈现的,就是一座房子下,养着一头猪。这叫人可太泄气了,远不如韩城人的那个"囚"字用得好。家在不断地发展,到今天,运用得真是一个广,教育家、医学家、科学家、文学家、演说家、艺术家……谁在那个领域做出突出贡献,都会得到一个自己想要的"家"的名讳。

然而这是不够的,所有的"家",最后都要归于自己的小家里来,成为如"囚"的一个家人。

这是韩城人关于"囚"字运用的一个新发展。过去的时候,男女受教育的程度不同,女人处在一种弱势的地位,她们为人妻、为人母,"囚"在家里做个好女人是不错的,现在不一样了，男女平等，就不能只是女人"囚"在家里，男人也可以"囚"在家里的。我把自己便开开心心、自自然然地囚在家里，自觉自愿地做自己在家里想做能做的事。

乐囚，是我近十年来最为自在快乐的一种生活状态。许多的宴请，许多的茶叙，还有许多的出游，都被我选择性地推却掉了。我不知道那样的热闹和繁荣，于我有什么用处？倒是觉得自囚在家，读些自己年轻时想读没时间读，或者读了没怎么读进去的书，同时把自己过去的生活以及过去的体会和感悟整理整理，来了情绪，就捉起笔，写一些自己乐意写的东西，倒是非常享受，非常安慰。

生活在一个门里的三口，不仅我是个乐囚的人，便是担任一定职责，有自己工作的妻子，和我们在国外读研、读博的女儿，也是两个乐囚的人，一有囚在家里的机会，就一定会开开心心地囚着，其乐融融，好不愉快。

我为此高兴着，知道妻子女儿还没我常自囚在家里的条件，她们一个要上班，一个要上学，但我时刻感受得到，她俩身体虽然不在家里，但把心还是囚在家里，和我在一起。

2016年3月25日　山西太原

不讲理的家

表弟会娶，娶了个博士生。

表弟前两日携妻抱幼，从北京回到西安，约我们一起聚餐。他博士生的妻子起身敬酒，敬到我的身边，给我说了这样一句话，她说她和我表弟把我在他们婚礼上的讲话牢牢记着，并认真地落实着，他们不会辜负我的讲话。表弟博士生妻子这么说着，把她端在手里的红酒和我碰了一下，她快活地喝了，我也快活地喝了。不过我在想，在表弟伉俪新婚的典礼上，我代表嘉宾亲朋都说了什么话呢？认真地想着，我想起来了，我讲话的主题就只一句话：家不讲理。

是啊，谁在家里讲理呀？

记忆中我是这样给两位新人说的，婚姻是一所学校。尽管你们都怀揣大学文凭,学有成就,但你们走进了婚姻,才发现有许多东西还要学习,而且学期很长,需要你们两人携手一生,去不断地学习和实践。在这个只有开始,没有终点的学期里,会有许多问题要解决,会有许多事情要处理,但你们不要怕,你们有办法,而且是个打得开百把锁的万能办法。这个办法是一个字,这个字就是"爱"。

是的,家里只讲爱。

爱是婚姻这所学校学而不倦的一门学科。无所不能的爱,是家庭前进的动力,是家庭成功的保证,是今天发展的方向,你们爱自己,爱自己的父母亲人,爱一切可爱的人、可爱的事。然而爱是不讲理的,这是多少夫妻,多少婚姻,多少家庭,用了多少岁月,多少心酸,多少是非,在纠缠不清难分难解的混沌中,梳理出来的一个结论。清官难断家务事,别在婚姻生活中讲理,唯有爱,不是一时一事的爱,而是不讲理的爱,一生一世,其中的妙处,在进入婚姻学校后,将以婚姻的生命为代价,一次次学习,一寸寸体会,就一定会有幸福的收获。

当然,婚姻的学校还有"思念",还有"艺术",还有许多要学习的东西。婚姻生活所以有思念,那是因为两个人,一个欣赏一个,一个鼓励一个,一个关怀一个,一个疼爱一个,刻骨铭心,不想自拔。婚姻生活之所以有艺术,那是因为两个人有激情，有才华，哪怕是做一顿饭，加点儿艺术的元素进去，也会其乐无穷，成为日后的趣谈，哪怕是吵一回嘴，加点儿艺术的感觉进去，也会破涕为笑，成为日后的笑谈。

总之，两个人从陌生到熟悉，再到相爱，然后走进婚姻的生活，不仅都要努力学习，还应努力奉献。婚姻生活里，各自奉献得越多，得到的回报也就越多。很多人结婚时，对婚姻抱着太多的期许，期望从中得到富贵，得到慰藉，得到宁静，得到快活，得到健康，得到他们想要得到的一切。这没有错，美好的婚姻生活，有太多这些美好的愿望。关键在于，走进婚姻的人，可也做好了学习与获取这些美好愿望的准备？

我要说，我的表弟和博士生的妻子，用他俩的实践，已经很好地回答了我。

表弟博士生的妻子和我碰酒说话，聚餐的亲友都听到了。大家一哇声（陕西方言）地呼应，端起酒杯，又为我的表弟和他的博士生妻子庆贺了一把。他们夫妇都在北京工作，都有自己不错的事业，而且还不耽搁家庭生活，十月怀胎，养育了一个胖乎乎的小崽子。我们从他们幸福美满的笑容里看得见，他们的事业在蒸蒸而上，他们的生活也在蒸蒸而上。

2016年8月17日　西安曲江

第二辑

家风孕育之美

家风有其一以贯之的传统,不会凭空而来,不会平地而起,都是经历一个长长的历史过程,慢慢地积累,逐步地取舍,总结得来的。

父亲的目光

回头来看，父亲离开我虽已四十七年，但我感觉得到，父亲的眼睛挂在我的身上，时刻都没有偏离。

天下佬儿爱小儿。我们兄弟姐妹多，在我前头的哥哥姐姐们，没谁敢惹我，他们惹我的后果很严重，不可避免地都要被父亲修理一顿，轻则骂，重则打。所以说，我在父亲眼里，是最受宠的。但我也是父亲管教得最严格的。譬如父亲教我写毛笔字，就特别严厉。我虚岁七岁时上学，可我写毛笔字的时间，要往前推一年半，即五岁半时，喜欢虞世南的父亲，就把他临过的书帖找出来，让我临写了。法门寺北的闫西村，背靠着中观山，天热的时候，有风从山坡上吹下来，倒也清爽惬意，而天寒的时候，顺着山坡吹下来的风，却像刀子一样，直刺人的脸。恰在这个时候，正是父亲逼迫我练习毛笔字的不二机会。父亲说了，寒暑习字，你不用脑子，用手都能记得住。四十二年后，2010年10月，我从鲁迅的故乡绍兴受领"鲁迅文学奖"回来，朋友们给我拿来笔墨纸砚，铺在我的书案上，要我来写毛笔字。我心里打鼓了，却又无奈地捉起笔来，在一张四尺的宣纸上，一口气写出"耕心种德"四个字来，放下笔，我仔细地端详了一遍，直觉父亲此刻就在我的身边，又说了一遍他当初给我说过的话。

我必须承认，父亲有先见之明，人的自身的确有两种记忆，一在大脑，一在肌肉。往往是，大脑的记忆因为情感等因素的左右，可能会有这样那样的偏差，而肌肉的记忆，是坚强的，是牢靠的，不会因为这样的干扰，那样的困扰，产生一丝一毫的偏差。小时候，我在父亲的逼迫下，练习过毛笔字就是练习过，正如我是一个木匠，年轻时做过一段木工活，做过就是做过，几十年没练没做，动手再练再做，心不跳，手不抖，依然会练得有模有样，依然会做得有型有款。

是的，我练习毛笔字，是父亲逼迫的；而我学做木工活，则是生活逼迫的。

父亲逼迫我练习毛笔字，选择的时间多在晚上睡觉前，无论寒暑，我要脱鞋上炕，必先到炕跟脚的书桌前，把父亲准备的米字格习字纸，临着虞世南的字帖，写足两页大字，然后又要把米字格之间的空隙，填满小字，才算完成任务。这时候，我的心跳是急促的，因为我要把写好的习字纸，捧给父亲验收，父亲是满意的，就把他锁着的核桃木枕匣打开，在一块大大的焦糖上，掰下小小的一块，亲切地叫着我的小名，让我靠他近一些，把他掰下的焦糖，让我在舌尖上舔一口，乘着唾沫的黏糊劲儿，粘到我的额头上。是夜，我睡在父亲的身后，背靠着他的温暖，睡得像额头上的焦糖一样甜蜜。来日，我还会头顶着焦糖，在村里，在学校，招摇一整天。但是父亲如果认为我的习字，练得不够认真，不够到位，他会立马黑下脸来，让我伸出习字的手，抡起他抽着的黄铜大烟锅，在我的手心抽一下。被父亲抽过的手心，先是一个白色的小圆圈，一会儿还会红肿起来，到了第二天早晨，红肿的地方更会成为一团青紫色，其所凸起的样子和色彩，又恰似我额头上曾经骄傲地顶过的焦糖。

在父亲的逼迫和诱惑下，我的毛笔字有了不小的进步。但是，钢笔这种新的书写工具，在我上学后，越来越为我所喜爱。父亲没有泥古，他北上中观山，砍了几天的硬柴，挑到四五十里外的法门镇，卖了后给我买了一支当时最有名的金星钢笔。我用这支钢笔，于1966年考入中学，还准备着，用这支钢笔从中学升入高中，然后又再考入大学，为我理想的生活而努力。

后来,父亲被扣上一顶"村盖子"的大帽子,高帽子有三尺高,糊了纸,写了字。父亲得到帽子后,没有因为高帽子而不开心,他只是觉得高帽子上毛笔字写得太丑了,这使他心里极为不爽。父亲熬了糨糊,在高帽子上重糊了一层纸,然后磨墨捉笔,自己要重写一遍,他把墨笔都按在高帽子上了,却叫了我来,让我工工整整地用"虞体"给他重写了。父亲很是满意,来日自己戴上高帽子,去接受"批斗"。可是问题来了,批斗会开到一半,有人发现父亲高帽子上字那么工整,便怒吼一声,把父亲的高帽子打落到地上,几脚踩烂后,又糊上纸,歪歪扭扭写上父亲不能忍受的那种字……包括我这个他爱到骨子里的碎儿子在内,没人想到,批斗会结束后,父亲拖着沉重的脚步回到家,没有吃,没有喝,到第二天凌晨,用一根绳子,把自己羞死在高帽子前。

父亲用他的生命,维护着文化的尊严。

父亲这一决断,扎根在了我的心里,无论我回乡成为一个农民,春天耕种,秋天收获;无论我自学成为一个木匠和雕漆匠,走千家,串万户,我都深怀着对文化的敬畏和探索。我所以这么坚持,都是因为,我知道父亲用他热爱文化的眼光,一直看着我,我不能懈怠,我不能逃避,父亲如炬的眼光,是我朝着文化的方向奋勇追求的指路明灯。人过而立之年,我通过自己的努力，从生活的小堡子闫西村，走进了扶风县城，再后来又到了咸阳市里，最后落脚在大堡子的西安。我没有旁顾，更没有旁视，我在父亲眼睛所及的视野里，认真做着父亲希望我做的事情。在父亲节来临之际，我写下这一切，既是对父亲的纪念，更是对自己的鼓励。

父亲看着我，我在父亲的眼里。

2015年6月16日　西安曲江

舌苔上的母亲

都是乡党呢，一批二十世纪毕业于扶风中学八〇级的好乡党，相聚在古城南二环的顺风饭店，冷酒话热肠，说着就说起了老娘，说起老娘的面条，慨叹老娘在，就有口福，就能吃到天下最好吃的面，老娘不在了，便没了这一分口福。其中一人，言语到此，竟然哽咽不已。我也感叹，像席间在座的乡党一样，感叹老娘的面食好，为世上所仅有。我所以感叹，以为自己的视觉、味觉器官，虽然真实地存在着，却难给自己真实的感受，例如眼睛，还有耳朵。要我说，欺骗自己最甚的莫过于眼睛和耳朵了。什么眼见为实，什么耳听为实，大家想一想，谁没有被自己的眼睛欺骗过？谁没有被自己的耳朵欺骗过？便是成为影像的照片，成为录音的磁带,可都是眼可见、耳可听的事物?

眼睛会欺人,耳朵会骗人……人的器官难道就没有可以依靠和信赖的了?当然不是,舌苔还是能够依靠和信赖的呢。乡党的聚会,话题说到了母亲,说到母亲的面食,就是对这话题的最有力的证明。舌苔不会欺骗人,辣就辣了,酸就酸了,甜就甜了,苦就苦了,是绝对不会欺骗人。也就是说,母亲的面香,自然是香的,这没有理可讲,也没有道可论。记得2003年的时候,我写了一篇《想起老饭店》的散文,文中我自豪我的母亲,做出来的清汤臊子面,"筋薄长,煎稀汪,酸辣香",形神兼具,诸味谐调,是我们村子里最好吃的面食。文章写好后,刊发在贾平凹主编的《美文》杂志上,忽一日,我午饭后休息,刚打了一个盹,手机却没命地叫了起来,我赖在床上不想接,但手机的铃声响过一波,喘过一口气来,又一次地吼叫起来,没奈何,我拿来手机,打开一接,传来了一位老领导的声音。我那时在西安"两报"工作,常要带班上夜班,经验告诉我,这位宣传部的老领导在这个时候打电话来,是没有好票子掏的,那一定是报纸惹下了麻烦,领导打电话问责来了。我心惊肉跳地听着,果然听出老领导的不满和埋怨。他批评我太不公正,太私心了。两句严厉的开场白,把我受惊的心当下提到了嗓子眼,往下听,我才听出老领导的不满和埋怨,与我的职业无关。他是刚读了《美文》上我写母亲的那篇散文后,想要与我理论的。他说:"你太过分了,怎么能说你母亲的臊子面是村里做得最好吃的呢?"此话一说,他似乎更为愤怒,接着还说,"我告诉你,我母亲的臊子面才是村里最好吃的哩!"不管老领导的口气如何不满,如何愤怒,我听到这里,提着的心又放回了肚子里,调整好自己情绪,准备和老领导就这一问题理论一番了。我对他说,"你还别不服气,我在写母亲时,只客气地写了我们一个村子里,要依我心里想的写,我会写我母亲的臊子面是世界上做得最好吃的呢!"老领导在电话那头不出声了,他沉默了一阵子。我知道他为什么沉默,为人谦和,非常有正义感,也非常有学问,非常有爱心的宣传部老领导,和我一样,是都吃不上母亲做的面条了。我向沉默着的他说了这句话,他声音低沉地回了我同样的一句话,"是啊,我们是再也吃不上母亲做的面条了。"然后,我俩都默默地合上了手机的翻盖。

这就是母亲了,舌苔上的母亲啊!

母亲可以抛下我们而去,但母亲的味道将永远为我们所记忆。

这不是"子不嫌母丑"的问题,是一种惯性,包含着无限的母爱,从母亲忍痛把孩子生育到人世上,一勺汤,一条面,一顿顿,一天天,一月月,一年年积累起来的母子之情,其中含有母亲怎样的辛劳,以至怎样的悲苦,就那么坚韧地、顽强地附着在了舌苔上，变成一种味道，母亲的味道。

是啊！母亲的味道，没有理由地成为最为排他性的味道；母亲的味道美丽，香醇，难忘。为此，我还想了，这是不是也是故乡的味道？好男儿志在四方，好女儿情满天下，没有谁不想长久地缠绵在母亲的怀抱里，成为母亲不离不弃的"宠物"。但是，这只能成为孝顺儿女深埋在心底里的愿望，长大了的自己，翅膀硬了，有了理想，是都要离开母亲的，这与孔老夫子"父母在，不远游"的孝顺观似乎不太合拍，但这能有什么办法呢？背井离乡，为儿女者，如果不能"远游"那才会是母亲所忧愁、所心痛的呢！母亲含辛茹苦，可不都是为了儿女的出息，从自己的身边走开，走得越远越好，哪怕是漂洋过海，到遥远的欧洲大陆去，到遥远的美洲大陆去……在母亲的心里，有一点可能，都会想着给自己的儿子生出一对翅膀，让儿子成为一匹遨游太空的天马，给自己的女儿生出一双翅膀，使女儿成为一个飘飘如仙的天使！这样也许叫母亲痛苦，叫母亲慨叹，但儿女能够如母亲所期望的，母亲那样的痛苦和慨叹，都将化为快乐，笑在脸上、乐在心里的快乐呢！

这就是爱，母亲的爱啊！没有母亲不希望儿女出息的，而自己也希望自己出息。所以说，一条悖论横亘在儿女们的面前，他们一切的努力，其实都是为了离开母亲，母亲的味道母亲的爱。

这是残忍的，残忍地造成一种距离，但这距离又能怎么样呢？哪怕到海之角，到天之涯，都不能分离母亲惯给儿女的味道，舌苔上的味道！

这可不只是母亲的味道，也还是故乡的味道呢。

母亲和故乡，就这么严丝合缝地结合在一起，是不能分的，牢牢地黏结在我们的舌苔上，无论天南海北、万水千山，无论风霜雨雪、江河湖泊，没有什么能够改变。2011年的初冬，我受同济大学的邀请，去他们大学进行一场关于文学的专题报告。我的女儿吴辰旸就在同济大学的土木工程学院本硕连读，她也来机场接我，坐上汽车，女儿给我说的头一句话，是让我来日陪她一起去办赴美国的签证。那一瞬间，我感到了女儿和我的距离，我从侧面看着她，没说与她去办签证的话。女儿也许看出了我的诧异，她莞尔一笑，又问起我一件事来。

女儿吴辰旸问："给我带的凉皮儿呢？"

凉皮儿是陕西的一种小吃，小麦粉和大米粉都能做，拌成稀稀的粉浆，在一种专门的不锈钢箩儿里摊开了蒸，然后切条装碗，调辣子调盐调醋，凉拌了吃，又筋又滑，很受大家喜爱，大街小巷，到处都有卖的。我来时，女儿和她妈妈可能在电话上沟通过了，女儿想她妈妈的味道，让她妈妈在家里给她做了凉皮儿的，我自然要带来，可我走时匆忙，竟然忘了带，被女儿问起，我在自己脑门上拍了一掌，老实地给女儿说，你妈倒是给你做了的，可我忘了。

女儿听得无奈，把欠着的身子重重地靠在了汽车椅背上。我让女儿失望了，为了弥补我的过失，我答应了女儿。

我说："明天爸陪你去办签证。"

2011年12月7日　西安曲江

母亲的炊烟

炊烟，怎么就不见炊烟了呢？

我从生活的大城市，回到儿时生活的乡村，住了几日，我原想品味一下弥漫村庄里的炊烟，可是那与村庄相互缠绕的东西，却没了一丝一缕的踪影，仿佛化入了虚无的幻境，我只有在梦里去重温了。

回忆无知的童年，我想起时，便带着无处不在的炊烟，让我感到炊烟的美丽，还有温暖，还有浪漫，还有缠绵，还有……我要说下来，不晓得还会有多少的还有，总之，我的童年就那么不可逃避地弥漫在炊烟之中了。

炊烟可以与云彩相媲美，但炊烟不是云彩。云彩漂浮在高远的天空，炊烟则铺展在脚踏的地皮上。天空有云彩的时候，地皮上可以有炊烟，天空没有云彩的时候，地皮上依然可以有炊烟。那伸手就能抓一把，张嘴就能吞一口的炊烟，说它像是铺在地皮上的薄纱，或者是铺在地皮上的棉花糖都行，但它绝对比薄纱要轻，比棉花糖要柔，脚踢巴掌拍，踢不着什么，抓不着什么，但却让人特别愉快，特别想闹。童年的我，在那时候，很容易把自己幻想成一个能够腾云驾雾的神仙，犹如挥舞着金箍棒的孙猴子一样，在炊烟里，玩命地嬉戏，跟斗一个连着一个，扑爬下去了，站起来继续扑爬……母亲的声音，往往在这个时候，飘在炊烟上面，柔柔软软地传送进童年忘归的耳朵。是我，还是别的伙伴，就很自然地被母亲唤归的声音，像是一根纤细的绳子似的，拴住了胳膊腿儿，踢踏着缠绕在脚上的炊烟，不很情愿，但却乖乖地回到母亲的身边，被母亲牵着手，牵回家去。

光照大地的太阳，仿佛也在我们母亲的唤归声里，落下西山，回家去了。

可是炊烟，并不理会我们母亲的唤归，它依然弥漫着村庄，如纱似雾，陪伴我们在母亲的催眠曲里，幸福安逸地进入梦乡。

炊烟里的我，有许多许多要好的伙伴，夏天的时候，我们赤条着身体，很是不知羞耻地追逐在炊烟中，好像炊烟就是我们美丽的遮羞布；而到了寒冷的冬季，我们还会在炊烟里追逐，但我们穿戴得并不暖和，头上没有棉帽子，脚上没有棉袜子，正是长个儿的时候，棉裤短了一大截，棉袄儿小了一大圈，到处走风透气，我们却不觉得冷，好像是，炊烟就是我们保暖的温床。我们享受炊烟，更享受炊烟里母亲呼唤我们回家的声音。炊烟是母亲制造出来的，母亲就是炊烟，我们欢愉在炊烟中，其实就是欢愉在母亲的怀抱里。

然而现在，乡村没有了炊烟，没有炊烟的乡村，自然也少有母亲的呼唤，少见母亲的身影，母亲踩着父亲的脚后跟，都到大城市里打工去了。

原来喧闹的乡村，如今是那么沉寂，听不见孩童们的戏耍，也听不见猪狗鸡羊、牛马驴骡的吠叫嘶吼，一些院门上拳头大的铁锁，终年不开，一些院门开着，能够看见的是沉默的老人以及寡语的孩童。我听说了，邻村有位上了年龄的老爷爷，孤身带着个小孙子，留守在家里，抚育着他的小孙子。老爷爷的身体不错，老了不觉得自己老，小孙子对落户在他家的一窝小雀儿特别上心，一天到头，仰着他的小脑袋，追着那窝小雀儿转，老爷爷看在眼里，知道小孙儿是太孤独了，他想给小孙儿逮个伴儿，和小孙儿一起玩的，这就端了一把木梯，搭到小雀儿的窝巢下，去逮小雀儿了。可他刚爬到小雀儿的窝巢边，伸着手，就要逮住一只小雀儿时，木梯滑了一下，老爷爷从木梯上滑跌地上，摔得昏死了过去。小孙儿不知老爷爷已死，瞌睡了，就还躺在老爷爷的身边，醒来了，就还绕着老爷爷转。幸好有老爷爷给小孙儿买下的一箱牛奶，小孙儿饿了，就取一袋牛奶来喝，他自己喝，还给老爷爷喝。小孙子不知老爷爷死了，村上的人都不知道他的老爷爷死了，只有相约三天打一个电话，通一通气息的亲戚，在打了一串电话都不见人接的时候，心里着慌跑了来，砸开紧闭着的院门，这才发现老爷爷的不测，而这时的小孙儿，也因为吃喝完了牛奶，爬在老爷爷的臂弯里，饿得奄奄一息。

呜呼！这不是传说，也不是故事，而是一个现实存在，现在的乡村，哪儿又不是这样的呢？千门万户，都是年老的爷爷奶奶，年幼的孙儿孙女。这叫我不觉想起一首台湾歌曲唱的那样，"有妈的孩子是个宝，没妈的孩子像棵草"。

回来吧炊烟，往日母亲的炊烟。

2015年6月6日　西安曲江

疲倦的裤子

老娘在80岁的时候，要送一件念想给我。

打开了她的箱底，叫我惊讶的是，老娘的箱底如她本人一样地老了，翻翻拣拣的，没有一样满意的东西给我。老娘叹气了，絮絮叨叨地说，把我娃刻苦的，在外边挣的两个钱，不够妈的药罐罐熬。这是老娘过去常要絮叨的，我听不惯，常要阻止她说下去。但老娘的话我是挡不住的，特别是家里来了人，老娘更是要说，说我从小就吃苦，出外念书，连一床褥子都缝不起，薄薄的一条被子，铺一半盖一半，吃饭了，也不敢要一个带肉的，总是白菜冬瓜，冬瓜白菜地熬，现在熬出息了，还不得好吃好喝，好穿好戴，实实地苦了我娃咧！

老娘这么絮叨得多了,我突然明白,老娘这是检讨自己呢!她是说自己没本事,可她的孩儿有本事啊,这么想着,我的心不安起来,感觉自己实在没有老娘应该骄傲的。

我听惯了老娘的絮叨,以后就不再阻止,任她说去,爱怎么说说去。可这一回,老娘没有太多絮叨,只是埋头在她的一堆箱底里,给我挑选可以留作纪念的物件。我嘴上不说,心里却打着鼓,不晓得老娘何以要固执地给我挑一件念想?是老娘觉得她太老了吗?就要离开她的子女了吗?乡间的老人都说,他们老了,知道老天什么时候收人,天意嘛,谁又能违背得了。我不敢往下想,便顺着老娘的意愿,也在她的箱底翻找起来。

有一条绣彩的大红缎子腰裙,和一件大红素面的绸袄,想来是老娘出嫁时的物件了,但我一个男孩儿,是不好留作念想的,但在老娘的箱底,也就这一套像样的物件,老娘抖开来,还在她身上比画了一下,说就是这身了,拿回去,给你媳妇留着。啥日子想妈了,让你媳妇穿起来,就能看见活着的你娘咧!

我忍不住笑起来,嗔怪老娘胡思乱想,把自己的媳妇怎么好与老娘比呢?

老娘却不恼,也不笑,还说她讲的是真心话。

我能有啥办法呢?只好把老娘出嫁时的衣裙很慎重地接过来。因为慎重,伸出的双手不仅接过了大红的绸缎衣裙,还把老娘的一条黑布裤子带了过来，在我数十年的生活中，见惯了老娘的黑衣黑裤，觉得实在没有什么稀罕的。可这一条裤子，还是很敏感地吸引了我，原因是黑布裤上的补丁，一个摞着一个。我便很有耐心地数着，一、二、三、四……数到最后，统共有四十一个补丁，而那一年，我刚好四十一岁。这就是说，老娘裤子上一个补丁，就是她儿我的年纪，我于是坚决地也要把老娘的黑布裤子留下来作了念想。

老娘起先不同意，一条补丁裤子有啥好念想的？像人老了一样，疲了，倦了，没有用处了。

但老娘拗不过我，于是，老娘的黑布的裤子被我也带回西安的家，和老娘出嫁时的大红绸缎衣裙一起，成了我的念想。

不久，老娘亡去了。

我扶着老娘的灵柩，一声声地哭着老娘。感觉老娘真是太不容易了。她的一切不容易，都在于她的明白，就连她的死亡，都知道得那么明白，安排得那么明白。而作为她的儿子，我觉得自己太粗心了，常常是听不懂老娘说的话，看不懂老娘做的事。等到有点儿明白时，老娘像她所说，如她的黑布裤子一样，疲了、倦了，疲倦得离开我走了！

记忆中的老娘，温情脉脉地料理着家务，料理着农活，料理着亲戚邻里的关系。老娘尊重着别人,别人也尊重着老娘。即使自己的娃娃,也不高声呵斥,老娘说,雀儿也知指甲大的脸,老娘不呵斥她的娃娃,是她独有的教育方法,和声细气地给她的娃娃讲故事,让她的娃娃从故事中得到启发,受到教育。

老娘的故事太多了,有些纯是为了教育的需要,自己苦心地杜撰一个出来,可在讲说的时候,老娘都会加上一句"上古时候,有个……"啥啥的开头话,然后娓娓道来,很能吸引人,感染人。老娘如果识字,如果晚到世上来百年,凭她杜撰故事的能力,绝对会成为一个杰出的文学家。

老娘昨夜到我的梦中来了。

我看见梦中的老娘是那么年轻,穿着她出嫁时的大红绸缎衣裙,款款地向我走来,母子俩的手都握在一起了。突然地窗外一声雷响,大红绸缎衣裙的老娘不见了,我大睁着眼睛,看着窗外的斜雨。下床后,取出老娘留给我的念想,推醒了妻子,顽固地让妻子穿上老娘初嫁时的大红绸缎衣裙。将近一个世纪前的红缎裙子红绸袄,穿在现代女性的妻子身上,竟然一点也不过时,仔细地看,还有一些更新鲜的东西,在那雾一样在红晕中弥漫着,泛滥着。

妻子知道这一身大红绸缎衣裙的故事,也懂得这身大红绸缎衣裙的意义。妻子端坐在床沿上,像个新嫁娘一样,还向我要来了那条黑布裤子。

妻子说:"黑布裤子,疲了,倦了。"

2004年4月24日　西安后村

跪　草

没人能够拒绝自己的生日。

所有的父亲,都是以娱乐自己身体的方式,播种下自己的血脉,要母亲来孕育生养了。母亲妊娠反应,想吃酸,吃了就吐;想吃辣,吃了也吐;想吃甜,吃了还吐……母亲一点办法都没有,母亲只有忍,忍得自己一天天变,变得大腹便便,变得臃肿失形,变到十个月时,咬牙忍痛、扯断头发、抓破手心,诞生出一个新的生命。这个新生命,紧攥双拳,紧锁双眉,紧闭双眼,高声大号的,似乎要拒绝他的出生,但这由不了他。

所有的新生命,到这个世界上来,都是身不由己的。

哭没有用,攥紧拳头、锁紧双眉、闭紧双眼都没有用。母亲生下了他，他就得好好地接受，好好地活，活给母亲一个样子看。这是所有母亲的期望，也是自己艰苦奋斗的一个目标。然而，没人知道自己给母亲活得满意不满意？自己给自己活得满意不满意？通常的情况下，满意不满意，都要装出满意来。

是个什么样的装法呢？

千姿百态，各人有各人的装法。但过生日这一方式，是大多数人喜欢的一种选择，似乎不这么做，就对不起自己，对不起生育了自己的母亲。

还有没有别的方式，来纪念自己的生日呢？答案是肯定的，有。但是一定不会很多，如我只见识过我的父亲，以跪草的方式，来为自己而庆生。

"人生人，吓死人！"

十月怀胎的母亲，在医疗条件相对落后的过去，因为婴儿脐带绕颈，或是胎位问题，导致母亲难产，进而使母亲丧命。听说父亲的降生，就使父亲的母亲、我的奶奶受了一次大罪，从傍晚开始预产，一直熬过长长的一个晚上，到第二日快中午的时候，才艰难地生产下来。因为这一缘故吧，父亲在他生日的时候，从不招亲戚，也不待朋友，拒绝一切热热闹闹的宴席，拒绝所有快快乐乐的活动，黯黯淡淡地独自给自己过一个生日。

甚至是，父亲还拒绝参加他人的生日活动。

父亲说，自己的生日，就是母亲的受难日。因此，到了父亲生日的时候，他会背起个竹编的大背篓，到自己的麦草垛子上，扯回一背篓的麦草，背回家来，在张挂着父亲的母亲——我的奶奶的画像前，铺开来，跪上去，给画像上他的母亲、我的奶奶，磕上三个头，点上一炷香，然后就静静地跪在麦草上，要喝水了，把水端到他跟前，他跪在麦草上喝；要吃饭了，把饭端到他跟前，他跪在麦草上吃……父亲是抽烟的，不是现在有的香烟，而是农家汉子自种自收的老旱烟叶子。平常的日子，父亲的烟特别紧，一会儿装一锅，一会儿装一锅，点着了，吧嗒吧嗒，烟笼雾罩，可自他跪上麦草时起，就不再抽了，他忌了口，到站起来，动都不动他的黄铜烟锅。

作为男丁，我小的时候，在父亲跪在麦草上时，自己懵懂着，挨着父亲也会跪下去。但是父亲不让我跪，他会抬手拍打我的脑袋，把我赶开，让我到炕上去睡觉。

我是没有耐心的，很快就会睡去，而父亲坚持跪着，不能丢盹，不能睡觉。

父亲从傍晚时跪下来，面对他的母亲、我的奶奶，在麦草上要跪整整一个晚上，天明了还不起来，还要跪着，安安静静地跪着，一直跪到早饭吃罢，快近中午饭的时候，才活动着他的腰身和膝盖，慢慢地站起来，收拾干净铺在他的母亲、我的奶奶画

081

像前的麦草……一年一年又一年,直到父亲去世,他在他生日这天,不改样子地都要跪在麦草上,给他的母亲、我的奶奶跪着。

父亲说他这是跪草。

我见到父亲跪草的次数多了,到现在想起,他跪草的模样,仿佛一尊铜铸的雕塑,印记在我的意识里,是那样的虔诚,那样的隆重,绝不是热闹着、快活着给自己弄一场生日宴可比的。

父亲所以跪草谢母,那是因为他的母亲、我的奶奶生他时,就是在一背篓麦草上生下来的。

这就是传统俗语的"落草"了。那个时候,没有现在的妇产医院,每一个新生命的诞生,几乎都是在自家炕脚铺着的草堆里落生的。

我父亲是这样的,我也是这样的。

我受了父亲的影响,时至现在,年已约过六十,也不着意给自己弄个生日宴什么的过一过。但我远离了故乡,身在大城市的西安,却也不能如父亲一般,在自己的生日,以跪草的方式,感谢纪念母亲对我的生育之恩。我想不出别的办法,就学着父亲的样子,在我西安的书房里,独自一人,读一个晚上的书。我坚持着这个习惯,至今已有四十多年了。我著文说过,因为时代原因,我没怎么读书,勉强有本中学毕业的文凭,实际只是踏实认真地读了小学。后来,我舞文弄墨,在文学创作的道路上,还有点儿收获,与我生日之夜,苦读狠写是分不开的。

去年冬尽的日子,生日之夜,开始了我的一部长篇小说的写作。我愿我的母亲,像她诞生了我一样,给我力量,赐我智慧,帮我怀胎,诞生出我的长篇小说来。

2016年5月23日　西安曲江

拉　扯

我一直相信，人都是父亲从他身上搓下来的一疙瘩垢痂。相信我的生命，最初时就是父亲从他身上搓下来的一小疙瘩垢痂。这是因为，我听到父亲说得最多的一句话，就是拉扯我们兄弟姐妹，不出几身汗是不成的。

这也就是说，养活一个人是不容易的，而更进一步，养成一个人就更不容易了。

所有的不容易，最具体的表现都在"拉"和"扯"两个字上。幼时生活在乡村，总听做了父母的人，论说起来，无不痛彻心扉，或是心花怒放，说他或她，养儿育女的感受和体会，都不能免的要用上"拉扯"这两个字。

连拉带扯，我们回头来想，的确都是父母既用了劲，又用了心，拉扯长大的。我不知道别人是何印象，在我初时听我父母说起拉扯这两个字时，心情是不愉快的，觉得我的成长，表现得难道是那么被动吗？没有父亲的拉，没有母亲的扯，我就不成长，不进步似的。记得自己听多了父母说这两个字，慢慢地从不愉快，还过渡到了反感。因为反感，本可以自己自觉地来做一件事，却故意耍赖，甚至抵抗，非得父母拉扯着，如不然，便一步不前，一步不进。

我们兄弟姐妹七人，我排行老小，看着父亲因为拉扯我们成长，要吃要喝要读书，把他自己拉扯得疲惫不堪，早早地扔下我们去了；而我母亲，则以她农村妇女单薄的力量，继续拉扯着我们兄弟姐妹，成家立业，她把自己也拉扯得寻找我父亲去了。

从此我再听不见父母言说"拉扯"这两个字了。

开始听不见，倒也觉得耳根清净，十分受用，时间长了，再也不闻父母嘴里的"拉扯"，而自己却又不自觉地继承了父母的这句话，把"拉扯"说给自己的子女时，突然地觉悟过来，"拉扯"二字，几乎可与父母二字等量齐观，父和母只是一个习惯性的称呼，而拉与扯，则外化成了劳动，日复一日，年复一年的劳动，受累操心，不付出身体的劳动不行，不付出心的劳动更不行。

往往是，使出的心劲，眼睛看不见，而发出的力，常常比身体的劳动大得多。

我这么来想问题，觉悟我当初听到父母说"拉扯"，而我死皮赖脸故意要父母"拉扯"，可是一种撒娇？

真的不能排除有此心理，就如我与朋友闲扯，朋友说起了他父母生前给他做的吃货，不外乎面条、稀饭、蒸馍、锅盔，再加盐、醋、咸菜什么的，都没有他如今入口的食物丰富质优、稀罕少见，各种各样的海鲜，各种各样的山货，有姓有名的大厨，有姓有名的高档酒楼，朋友想吃不想吃，隔三岔五的，都要自己请人，别人请他吃喝一场。而他却几次见到我，说起自己的胃口，不假思索，脱口而出，说来就是父亲"拉扯"他时，做给他的家常便饭好。

说者无意，听者有心。就在昨晚，我们吃罢饭后散步，他又说起了父母做的饭，而我不合时宜地问了他一句。

我问朋友："得是吃不上父母做的饭了？"

朋友在夜里睁大眼睛看我。

我向朋友承认："我也吃不上父母做的饭了。"

人就是这么不可救药。我向朋友承认我们共同面对的事实后，老实不客气地还给朋友说，在我吃得上父母做的饭时，我从未觉得父母做的饭有多么特别、多么的香，甚至好多次，在父母询问我想吃什么饭时，还开口呛了父母，说父母能做什么？面条稀饭、稀饭面条，蒸馍锅盔、锅盔蒸馍，盐醋咸菜、咸菜盐醋……我对父母的质问，把父母说得手足无措，抱愧难当。我不能确定朋友是否和我一样，也那么不知好歹地呛过父母，但在我坦白了我的过往后，朋友也老实说他脸红了，他像我一样，也那么呛过父母。

父母给我和朋友在舌尖上的记忆，大大地改变了我们的心情，对自己父母的味道，只有享受不到时，才觉得珍贵难忘。

"拉扯"也会是一样，父母把我们"拉扯"大了，不能用力用心地"拉扯"我们了，我们才怀念父母"拉扯"的日子，是多么幸福快乐，哪怕因为父母"拉扯"我们，给我们以责备，给我们以惩罚，也特别的留恋和不舍。

我想念父母的"拉扯"，被父母"拉扯"大了，娶了妻、生了子，也以父亲的姿态"拉扯"自己子女了，我更感到了"拉扯"的不易，不仅要用上全身的力，更要用上全身的心，非如此，不足以尽到一个父亲的责任。

母亲也一样，似乎在"拉扯"子女成长的过程中，比父亲用的力、用的心，还要竭尽全力，无微不至。

父母"拉扯"子女，子女成人了呢？

角色在变换，子女也是要负责"拉扯"父母呢。

2017年12月4日　延川宾馆

恩 爱

恩爱是有原因的,而且要有心,更用心。

2014年的盛夏,中国作家协会组织作家赴台湾交流,我被推为团长,与十多位作家朋友走了走,不仅进行了很好的文学交流,还对我们共同热爱的文字,做了些戏谑性的交流。挑起这方面交流的,是台湾的同行朋友,他们从小学习的是繁体字,而我们自小又都接受的,是简体汉字教育,亦即我们大陆所说的简化字。台湾朋友挑起这个话题,他们是没有恶意的,说了后还说,简化字是有它一定益处的。不过,他们在说的时候,却也不乏一种卫护中国传统文字的认真劲。

事过两年,我能记得的,有一"面"字,繁体字是麦字边加一个面字的，简化字把麦字拿掉了。他们说大陆这一简化，有"面"无"麦"，那还能养活人吗？还有一个"爱"字，繁体是有个心字在中间的，简化字把心字拿掉了。他们说"爱"无"心"还怎么爱？诸如此类，说了不少简化字的问题。

台湾的朋友，对此说得有理无理，我不是文字学家，不想在这里多做分辩。我想说的是，老祖宗造字的时候，在字形字体上，从人的感受出发，是很注重人的情感与心理活动的。

关于语言的起源，权威的说法是劳动创造了语言。但从汉字的初期创造来看，这个结论是值得商榷的。初创时，人虽然也有劳动，但一定没有现在的繁杂，但那时人的感受，与现在是差不多，例如哭、例如笑，还例如恩爱等，几乎都是人的身体认知，所以我要说，是我们的身体创造了语言，更进一步创造了文字，而劳动，只是身体在一点一点，以至无穷的实践中，丰富着我们的语言，同时丰富着我们的文字，例如我们现在打手机、打电脑，过往是没有的，现在有了，所以便自然地有了打手机、打电脑等词。

从这一意义上来说，我标题为"恩爱"两个字，就很好解释了，人和人所以恩爱，确实是有原因的，而且必须有心，有心发现，而且必须用心，用心感受。

梁山伯与祝英台所以恩爱，是因为他们"郎才女貌"；七仙女和董永所以恩爱，是因为他们"美丽善良"；再是范蠡和西施，李隆基和杨玉环，他们所以恩爱，除了"老夫少妻"一个原因，就还有个"江山美人"的原因。

总之，世间一切的恩爱，正如"恩"字一样，在"心"字之上，累积了一个"因"字的，所以说恩爱可是有原因的。

我不敢把自己恩爱的婚姻拿出来，与那些神话传说中的恩爱情缘相类比，更不能与历史记忆的恩爱情缘相比较，但我自以为，我的婚姻生活还是很恩爱的，而且可以骄傲地说，在熟悉我们婚姻的朋友圈里，都被传成了佳话。

贾平凹有篇《风来了多扬几锨》的文章，是写给我的。他在文中说，他认识的一个西府小木匠，有一天从他的故乡不见了。同时还有一位漂亮的小姑娘，随之也在他们的故乡不见了。十多年后，再见他们两人，也是有了一个女儿的夫妻，一个在西安的一家纸媒当家，一位在省委的一个重要部门当处长。贾平凹说的那个西府小木匠是我，说的那个漂亮的小姑娘就是我的妻子陈乃霞。不光是熟悉的朋友说我们夫妻是恩爱的，我也自以为我们夫妻是恩爱的。我因为在报社工作，上的多是夜班，早晨起来要晚一些，可我不论什么时候，从床上爬起来，掀开锅盖，都有妻子给我熬煮的稀饭，和馏着的热馍；我爱吃煎饼，妻子逮住空儿，就要给我摊几张。我不能忘记，就在她怀我女儿时，扛着那么大个肚子，三伏天的，也要抽空，围坐在蜂窝煤炉前，给我一次一次地摊煎饼……我没有做饭的耐心，妻子爱吃核桃，她说女人吃多了核桃，生育的孩子脑瓜聪明，我就得空给她砸核桃；有了孩子，她又说吃核桃可以补脑，不至于老年痴呆，我就坚持着给她砸核桃，一直砸到现在，总是不等盛放核桃仁的罐子空，我就砸着核桃，把罐子填满……我这不是炫耀，我们夫妻就是这么泡在油盐酱醋茶里，最琐细、最生活般恩爱着的。

不仅我们夫妻如此，我想天下的恩爱夫妻，差不多都是这个样子吧。

这是我们普通夫妻恩爱的原因。这个原因是实在的、具体的、最接地气的。因此我不禁要想，梁祝和七仙女董永，他们也许恩爱，但那是虚妄的、文艺的，高台教化人的。我是糊涂的，不过倒是觉得，我们普通人熬煮在稀饭里，揉搓在面团中，以及所有琐细的、生活的恩爱才是真实的、最可宝贵的。

2016年9月30日　西安曲江

受 人

翻开手机新闻,总有一些错爱的人和事,被小编们排在重要位置,打着滚儿往人的眼里钻。就在我动笔写这篇短文的时候,我不自觉地翻看手机新闻,排在第三位的就又是这样一条,标题之血腥,让人都不忍心打开看了。消息中的故事发生在绥中县,夫妻俩去广东打工时认识,结婚后回到故乡,育有一女,却不知怎么就闹得过不下去,最终酿成让人痛心的惨案。

我不想罗列案件的细节,只是想说,这该是一个错爱的活教材。

人之一生,错爱者太多太多,所以有音乐家谱写了《错爱》的歌曲,有剧作家编写了《错爱》的电影,演唱和放映出来,无不催人泪下。常常听，常常看，观照着我们的现实生活，让人真的是好无奈，真的是好扫兴……怎么办呢？人啊，好了伤疤忘了痛，是还会错爱还会痛的，对此谁都没有办法。

不过细想下来，应该还是可以解决的。

可是解决起来，当事人一定不能太理想，而且不能太幼稚，而应该抛弃自己所谓的尊严，所谓的脸面，以及自己可能有的英雄气和主宰心。当然也要放下自己动不动义正辞严，与人讲理什么的伎俩，不然只能弄巧成拙，把不是问题的问题弄成不可开交的问题，把不是矛盾的矛盾搞成解不开的矛盾。大家回头想想，一个家庭需要英雄吗？如果有，这个家肯定无法安宁，要不了多长时间，就会被家里的英雄，把一个完美的家打散伙不可；而且在家里不要讲理，因为家就是家，两个人走到一起，绝对不是讲理的结果，两个陌生的人相见只是讲理，是讲不成一家人的。彼此走到一起，领了结婚证，办了结婚宴，钻进一个被窝，不消说，彼此讲的只有爱，唯爱才能成夫妻。

如何爱？能爱多长时间？

这的确是个问题呢，而且是个谁都回答不了的问题。有人可能生生死死，有人可能一时半会，三分钟的热情过去，就什么都没有了。便是生生死死的爱，也是不敢当真的，而进入一日三餐的生活，一年四季的劳作，慢慢地感受，慢慢地体会，不能知晓其中的滋味，很难说是会爱。

我听母亲生前说我父亲，斩钉截铁两个字："受人。"

父亲比母亲走得早，走的时候，母亲也就五十出头，而我也才十四岁。家里人安葬父亲，母亲没有流泪没有哭，直到把父亲葬埋到坟墓里，家里客人散去，只剩下我和母亲了。我因为数日悲伤和劳累，呼呼地睡了过去，到我一觉醒来，发现母亲在炕头上暗自垂泪，很无奈，又很无辜地说着我的父亲。母亲说着父亲和她的往事，每说一句话，都要说出"受人"这两字。因为古周原人说话发音的特点，我在初听母亲说"受人"时，都听成了"仇人"。父亲是母亲的"仇人"吗？显然不是，这从母亲当时的泣诉，以及后来几十年对父亲的怀念来看，父亲绝对不是母亲的"仇人"，他们是绝对的恩爱夫妻，生前恩久，死后爱长。

前些日子，我与妻子在家扯闲，扯的什么事，我忘了，但记住了妻子说的一句话，她说我让她可是知"受"了！

妻子的"受"字出口，把我对母亲说我父亲"仇人"的话，正确地解读出来了。母亲嘴里对父亲"仇人"的说法，被我听错了，母亲嘴里的父亲应该是她的"受人"哩。

夫妻之间，"爱"过之后，大概就只有"受"了。原来是你爱我，我爱你，爱到了洞房，相互之间的一些毛病暴露出来了，相互之间的一些矛盾也凸显出来了，只有爱已经不能解决问题，甚至因为爱，毛病和矛盾更不可调和，爱得越烈，爱得越浓，还可能越发不可收拾，终到了，也许就过不下去，打了离婚呢。

电影《我不是潘金莲》里，几位年轻的法官给老院长夫妻设宴庆祝金婚，问起老院长夫妻风风雨雨五十年，不离不弃的秘诀，老院长说了一个字"忍"。老院长的妻子说了四个字，"一忍再忍。"我看过电影后，把电影里的其他话都忘了，唯独记下了这两句话，我所以能记下，是因为那看似简单的两段话，说的可是夫妻生活的一个真理呢。

忍。一忍再忍。可不就是在油盐酱醋的庸常生活里，你受得了她，她受得了你吗。长此受着，受得了受不了地受着，从一头青丝受到满头白发，才是真正的好夫妻哩。

爱人……这个夫妻间的词儿，是从什么时候流行起来的呢？对此我不想刨根问底，我只是以一个六十多岁过来的人说，好夫妻是应该爱的，而爱人比爱己更重要。可不是吗，在我出差南京的早晨，妻子在厨房里给我收拾出门吃的面，这是她的习惯，讲究"回家饺子出门面"，可我清早出门不想吃面，就找碴儿躲面，妻子不能忍了，把面碗端到饭桌上，大声喊起了我。

妻子喊："受人，面。"

哎吆吆，妻子到我们老来，把我母亲说我父亲的话毫无缝隙地承接了过来，也叫我"受人"了。她这一叫叫得好，让我回想我们的生活，可不就是最初时两人相见，她接受了我，我接受了她，走进婚姻后，她又忍受了我，我也忍受了她，几十年的日子过下来，可不都是"受"下来的吗!

我是妻子的受人，妻子也是我的受人。

2017年4月14日　南京东华宾馆

旧枕头

睡惯了旧枕头，换个新枕头就睡不好。在昨晚的餐叙里，对这一问题，所有的人都投了赞成票。

我刚参加省文联赴榆林的采风活动，头一天晚上住神木，第二天住榆林开发区，都是四星级、五星级的新宾馆，设施之优良，服务之优秀，都没得话说。但我在神木的宾馆里没睡好，在榆林的宾馆里也没睡好……这是我一直以来的一个问题，出门在外，总是睡不好。把这个问题提出来放在几位朋友的餐叙中，不是我一个人有此困扰，大家一个样，都说出门在外，换个新的地方，亦然睡不踏实。朋友们为此找了各种理由，我以为都不错，但根本的问题，也许就是床铺上的枕头了。

我说：“枕头太新了。”

我说：“不是咱的枕头。”

我这么一说，获得了餐叙者的普遍认同，大家你一句说着宾馆枕头的不适，大家他一句说着家里枕头的舒适，而我又有话说了。

我说："还是旧枕头好。"

我说："旧枕头知道咱自己的酣睡。"

对我的说法，大家再一次表达了他们的认同。这次餐叙是我们结束陕北的采风活动后回到西安后举办的。餐叙罢回到家里，我坐在我平常写作的小桌前，决意来写这个话题了。我捉着笔不由自主地把头偏了偏，这便看见与我咫尺相距的地方，就是我睡觉的床，床头上是我睡起来不软不硬，不高不低的旧枕头，我暖暖地笑了起来。

我笑我枕头的旧，但我知道我的枕头也是新过的……人之一生，枕在枕头上的时间，最少在三分之一以上。我以此推想，每个人生来，都不可能只用一个枕头，哇哇号哭着来到人世，最先枕着枕头，该是母亲的胳膊呢！这没法选择，也不能挑拣，你生在谁的炕上，吃上谁的奶，谁就是你的娘，你就是娘的儿子或女儿。娘这时候，还没给你准备一个你的枕头，娘就把自己的胳膊给了你，你自然而然，你理直气壮睡在炕上或是床上，你的小脑袋不用你多找，娘都会把你的小脑袋搁在自己的胳膊上，哄你睡觉……你一觉醒来，你睡舒服了，只有娘知道，她给你枕着睡觉的胳膊，是僵？是麻？但她一点怨言都没有，她只想你睡得踏实睡得好。你醒过来，小脑袋依然不离娘的胳膊，娘要抱着你，让你枕着她的胳膊，在她的怀里吃奶了……但你不能没有你的枕头，娘不能永永远远地让你枕着她的胳膊入睡，娘还有她的活干，娘就要给你缝一个小枕头，把你的小脑袋搁在上面，让你独自来睡了。

我们老家扶风县的农村，数千年了，有种植穈子的传统，"千年的穈子百年的谷"，收进仓里的穈子是最经放的，千年不腐，百年不烂，小小的颗粒，都天生着一副黄铜般的硬壳，不分大户人家小户人家，逮着丰年的时候，都会种植储备些穈子，以备灾荒时救急。

娘给自己的孩子缝制的枕头，其中装着的是穈子。穈子性凉，小孩儿挨着不上火；穈子身重，小孩儿枕着落不了枕……再就还有一个好处，说起来要多费些口舌的，那就是穈子的颗粒小，装在枕头里容易整形。

小孩子刚落生的日子里，小脑袋的骨质是软的，在枕头上怎么睡，小脑袋就可能长成什么样子。娘不想自己的小孩儿在枕头上枕不好，把头枕得失了形，那就是娘一生的罪过了。特别是女孩儿，更不能掉以轻心，她们长到一定年龄，编辫子盘头，后脑勺不在小时候枕平整，辫子编不好，盘头就更困难了。所以凡是女孩儿，不管她睡糜子枕头时，淘还是不淘，静还是不静，娘都会小心地把她的小脑袋放平在糜子枕头上，把她的后脑勺塑造得一抹平。

乡村生活的孩子，都有枕糜子枕头的经历。我女儿出生在西安，我和女儿的母亲没有想着给女儿枕糜子枕头。但女儿有外婆，外婆想到了，从扶风的乡下，灌了一只糜子枕头，拿到西安来，给我女儿枕了，我女儿的后脑勺，就枕得非常平。

随着时间的推移，糜子枕头要退休下来，让位给大一点儿的枕头。但这个枕头终也有退休下来的时候，这个时候，是个姑娘家呢，出嫁到了人家的门里；是个大小伙呢，娶了新娘有了自己的床，洞房花烛夜，鸳鸯戏水，并蒂莲花的一对大红枕头，鲜艳亮丽地陈放在床头上，是要小两口儿头挨头来枕了。

当年的新枕头，变成了后来的旧枕头，这或是很值得细说的呢。

能把鸳鸯新枕头睡成旧枕头，这该是夫妻生活的一个证明，幸福着，美满着，是夫妻们同床共枕的最终追求。但这是奢侈的，再和睦的夫妻，都可能口角，都可能别扭，口角过了，别扭过了，能怎样呢？"天上下雨地上流，夫妻吵架不记仇……百年修得同船渡，千年修得共枕眠，床头吵完床尾睡，亲亲热热头枕头"。民谣里说的这个这样，相信是错不了的。枕头在这里所起的作用，不是和事佬胜是和事佬，头枕头的枕在枕头上，事不事的，就都不是事了，仇不仇的，就都不是仇了，枕头见证着夫妻的恩爱，枕头调和着夫妻的矛盾，枕头是夫妻不能离，离不了的温柔乡。

不要认为枕头没长心眼，不要认为枕头说不了话，夫妻留给枕头的恩爱与情仇，枕头都顽固地记忆着，夫妻在枕头上吹的枕头风，枕头都顽固地聆听着，枕头都知道夫妻的一切，懂得夫妻的一切，因为记忆，因为懂得，也因此使新枕头变成了旧枕头。旧枕头反对欺瞒，旧枕头反对背叛，谁若不信，欺瞒一次旧枕头试试，背叛旧枕头一次试试，旧枕头会用他的方式告密你，开罪你，让夫妻的一方，明晰你的欺瞒，明晰你的背叛，使你得到应有的惩罚。

新枕头没有这个能力。

唯旧枕头有，夫妻的气味，长长久久地被旧枕头吸纳，夫妻的声息，长长久久地被旧枕头接受，突然地枕上来一个不一样的脑袋，他或是她，气味和声息是旧枕头不熟悉的，旧枕头反抗不了，但旧枕头会反感，甚至会恶心，然后以自己的方式，告诉给被欺瞒，被背叛的一方，完成自己对他们夫妻生活的救赎和改造。

  许多夫妻间的问题，都是不尊重旧枕头造成的。其中一些夫妻，睡在旧枕头上，却还坐等新枕头，甚至追逐新枕头，那么你就老实等着吧，等着自己睡不好觉，等着自己活受罪吧。

2017年6月2日　西安曲江

牛角梳子

没有解不开的疙瘩，没有化不开的矛盾。话可以这么说，但事实告诉我们，确实非常难，特别是在婆媳之间。

妻子陈乃霞还是我女朋友的时候，与她商量好了，要见我的母亲，她倒不怎么紧张，而我却紧张得不得了。这是因为，我已见过她母亲了。知子莫若父，知女莫若母。她母亲见了我后，给我说了，说她女子歪。关中方言里的这个歪字，与书面语是不一样的，我曾经想，会不会有一个这样的同音字呢？可是失望得很，我查阅了多种字典，都没有找出一个可用的同音字。那我就只能用这个歪字了，歪字在关中，尤其是关中西府，被一个母亲用在自己女儿的身上，我知道，那是信任了我，给我交底哩。她母亲说她女子歪，就是说她女子脾气大，让我对她女子有让寸。

后来，女朋友嫁我做了妻子，我把她母亲说给我的话，转述给了她。她不无得意地说，我母亲是给你打预防针哩。

妻子"预防针"的说法，一针见血，她是说对了。她要见我的母亲，我母亲能给她说啥呢？心里忐忑的我，与还是我女朋友的陈乃霞，到我乡村的老家，见了我的母亲，她们像前世的母女，当下便腻在了一起。

母亲问腻在身边的她了："你才说你叫啥？"

她说了："我给你说了嘛，我叫陈乃霞。"

母亲把她的姓隐了去，只说她的名："乃霞。你说我娃他叫啥？"

还是女朋友的她，此时不知道我的乳名，她只说，她不知道我叫啥，她能跟我来吗？

母亲笑了，笑得那叫一个纯净，她把还是我女朋友的她叫作了女子。

母亲说："女子哩，你叫乃霞，我娃叫乃田，你俩名字相连，活该进一家门，吃一家饭哩。"

有了母亲的这句话，我与女朋友的她，选在1990年的国庆节前后，很自然地走进了一家门，吃起了一家饭，同时很自然地，也和我的母亲住在了一起。天下老人爱小儿，我们兄弟姐妹，秩序井然地排到了七，我即是那末尾的七了。父亲离世早，十四岁时，一场变故，我们原来二十多口人的一个大家庭，分门立户，变成了五个小家庭。母亲担心我小，就与我相依为命地生活在一起，我走到哪里，母亲就到哪里，我不会离开母亲，母亲更不会离开我。

和母亲生活在一起的我们，最初几年，我在咸阳报社工作，妻子在省木材公司上班，两地分居，只有在星期天的时候，妻子才有时间到咸阳来，我们一家人其乐融融地团聚一天，到星期一早晨，妻子又得搭车往西安去。母亲心疼这个儿媳妇，在这一天，总要千方百计地给她的儿媳妇做好吃的，而且叮嘱她，要她多休息。妻子不是失惯的人，她在家里一天，把一天恨不得当做两天用，要母亲什么都不要做，要母亲闲下来。因为此，两人推推搡搡，母亲的年纪毕竟老了，她争不过妻子，却也怎么都闲不下来，跟在妻子身后，见缝插针地总要搭把手。

妻子每周回咸阳，都不空手回，这一周是西安竹笆市的樊记肉夹馍，下一周是坊上的柿子饼，再下一周是桥梓口的粉蒸肉……西安的名吃，一样一样地往咸阳带，让母亲足不出户，吃了一个遍。

母亲真诚地喜欢上了她的这个儿媳妇，她把她与儿媳妇相处的好，想要给人说，在咸阳城找不着可以说的人，就坚决地要我把她送回扶风县的老家，给她的老姐妹们，搬把小板凳，坐在我家门口，说了好些天。我回去接母亲，左邻右舍与母亲说得上话的人都来了。她们问了我母亲说给她们的话，我向她们证实着，这便看出她们眼里羡慕的向往。她们向我询问求证的一个话题是，关于母亲下澡堂洗澡的事，这件事太有趣了，我一直记着，怎么都忘不了。

快八十岁的老母亲，平生第一次下澡堂洗澡，她的脚太小了，绝对的三寸金莲，妻子带着她，去我在咸阳工作的近邻彩虹厂洗浴。浴池里的女工成十上百，她们没有见过母亲那样的小脚，而母亲哪里见过如此多的女人，脱光了一起洗浴，女工们的眼睛齐刷刷看向了母亲，而母亲也惊愕地看向她们，空气在那一刻，有种窒息的感觉。母亲突然地拧转身，撒脚想要离开浴池，幸亏妻子早有觉察，拽住母亲，温言软语地劝慰着，帮母亲脱衣服，泡在澡堂子里，让热烫烫的水，把母亲泡了个透，舒舒服服地洗了个美。

母亲是个好干净的人，以后的日子，妻子从西安回咸阳，她不再扭捏，在妻子的服侍下，都要去彩虹厂里洗一次澡。

我和妻子有了女儿，女儿更成了母亲的打心捶捶，我们在咸阳的新房里，快快乐乐地住了几年。我想把妻子从西安调回咸阳来，而妻子则通过考试，考进了省委组织部，为了团聚，恰好

《西安日报》复刊，我就从《咸阳日报》调到西安，母亲因此跟着我，也从咸阳搬到了西安。

西安的房子是租下来的，住了半年时间，母亲嚷嚷着要回老家，我想母亲又要给她的老姐妹们炫耀什么了，我没理母亲的要求，逼得母亲都流了泪。妻子为母亲帮腔说我，我才借来汽车，把母亲送回了老家，交给退休在家的二哥他们，让他们照顾母亲。

二哥是位至孝的人，还有我的大姐和二姐，都在邻村，今天你来，明天她来，母亲应该是不寂寞的，可是二哥打电话来，给我说母亲要我回来，她有话给我说。我耽搁了两天，回到家里，只听母亲给我说了一句话。

母亲说，"你娃有福，要了个好媳妇。你要知福哩，可不敢浑蛋无理。"

听了母亲的话，我没说什么，就回了西安，没承想，母亲在我回西安后，她在老家只进水，不吃饭，这可急坏了二哥他们，怎么劝说都不起作用。二哥没办法，给我打电话说，咱妈说咱爸叫她去哩，她没啥牵心的了，她陪咱爸去呀。

父亲是在我十四岁时辞世的，母亲心里有他，我能理解，但母亲咋能用绝食的方式而为呢？我给妻子说了母亲的情况，妻子当即决定，要和我一起回老家，劝说母亲。可是一个料想不到的意外发生了。妻子从单位骑着自行车回我们租住的地方，半道儿被一辆摩托车撞了一下，她倒地时，脑袋磕在道沿上，当即昏了过去。

妻子昏昏迷迷地躺在医院里，我要照顾她，就没能回老家去。医生的诊断是，妻子可能成植物人，但是在第六天的时候，二哥打电话来，说咱妈不行了。她老人家清早起来，烧了一锅水，把自己洗了，穿上她早预备好的老衣，让他们给她支了床，自觉地躺上去，像睡着似的，没有声息了。我心痛着，站在妻子的病床前，眼泪直在眼眶里转，就在这时，我看见昏迷着的妻子，睁开了眼睛。

妻子问我："咱这是在哪儿呀？"

妻子问了我这句话后，她似乎知道了这些天的情况，伸出手来，拉住我的手，又给我说了。

妻子说："梳子……把咱妈留给我的梳子拿来，我要梳头。"

我赶回租住的地方，给妻子取来母亲留给她的那个牛角梳子。母亲的这把牛角梳子，她用了一辈子，妻子用它，没少给母亲梳头。这一次回老家，母亲把总是带在她身上的牛角梳子，留给了妻子。我听妻子说，母亲把牛角梳子留给她的时候说，她没啥能给妻子留的，就只有这把梳子了，年轻时，她的头发又黑又长，现在老了，头发还黑黑的长长的，都是这把梳子梳来的。

母亲没给妻子说她用不上牛角梳子的话，而实际情况是，母亲心里清楚，她是不再用牛角梳子了。

我在租住的房子，把牛角梳子拿到医院来，给妻子的时候，心里蓦然回想起母亲说过的那句话，她不能活娃的日子！过去了二十三年，就在妻子今年三月十四日经组织考察，赴任省高教工委副书记的时候，我们在家里又一次想起母亲的话，由不得唏嘘喟叹，约定清明节的日子，一定要去母亲的坟头上，给母亲告赔一声。

2017年3月23日　四川阿坝州

说给孩子

逼近六月的日子，大麦是要成熟了，小麦是要成熟了，我的孩子也要成熟了。孩子啊，今天是个好日子，是你们携手人生走进婚姻的好日子，众多的领导、同事、朋友来为你们贺喜，使我非常感动，我在这里感谢大家，并祝大家鸿运当头，幸福健康。

自然了，我也要祝愿我的孩子，希望你们幸福美满，白头偕老。同时，我还要给孩子们说几句话，要你们知道，婚姻虽是两个人的事，但又不只是两个人的事，一点点的波澜，都将触动许多人的神经。你们是幸福的，关心并爱护着你们的人就是幸福的；你们是快乐的，关心并爱护着你们的人就是快乐的。我希望我的孩子、关心他们的人永远都是幸福和快乐的。

《黄帝宅经》有言："宅者，人之本。人因宅而立，宅因人得存。"人宅相扶，感动天地。很显然，这里说的宅，就是婚姻，就是家。婚姻和家，就是这么迷人，谁能不爱自己的婚姻，不爱自己的家。这是对的，大家不是都说，家是生命的避风港。但问题是，大家有了困难，有了迷惑，甚至有了伤害，都只想着到家里的避风港去歇息。可是谁认真想过，这个避风港是天然就有的吗？显然不是，这是每一个婚姻，每一个家庭里的每一个成员，叼草衔泥，辛苦筑垒起来的。据此我要说，婚姻和家庭根本在于责任，一个人对一个人的责任，一个人对一个人的爱护，一个人对一个人的支持，还有帮忙、理解、鼓励等等，都将是一个幸福家庭的必然情愫，唯如此，才能使自己的婚姻永远保鲜如新。

我的孩子，你们结婚了，但是你们想没想过，婚姻的前头，将是一场没日没夜的生活，如果你们能够依然保留丰富的情感触角，柔软而不失细腻，敏锐而不失圆润，永远充满对朋友的无私友情，对爱人炽热的激情，对家人温馨的亲情，对生活饱满的热情……我想你们就该是幸福的，就能如那无边飘动的彩云，闪烁的星月，点燃你们人生灿灿朗朗的笑容。

我的孩子，你们其实早就懂事了，这是我所欣慰的，但我还想告诉你们，世事艰难人生多歧，不要因为你们成了夫妻，就可以高枕无忧……这可不好，你们要知道，日子还长着哩，像树叶一样地长着哩，千万不可窃喜自己的时运，因为时过境迁，运道跟着也要变化的；更不要张扬自己的能力，人上有人，天上有天，哪有自己可以须臾沾沾自喜的资本；而立之年已经逼到你们面前，努力是必须的，切实保持战战兢兢，如临深渊，如履薄冰的态度，才会抬起头来，看到天边美丽的彩虹。

前些时候，电视热播的一部电视剧叫《金婚》，我前三后四地看了几集，到全剧谢幕的时候，我心有所悟，发现美好的婚姻原来也是战争，一场旷日持久的战争，一打就是几十年，不可谓不惊心动魄，不可谓不波澜壮阔……好在是，我没有看到《金婚》里的夫妻，谁是战争里的英雄，谁是战争里的胜利者。这让人惊讶，原来在婚姻的战争里，是不需要英雄，更不需要胜利者。

妥协！我忽然就想起了这个词，这也是电视剧《金婚》给我的启示，在漫长婚姻生活中，最需要的是相互妥协。当常识蒙蔽了我的眼睛时，妥协这个词似乎欠缺体面，好像妥协就是软弱，就是不够坚强。其实生活不需要这样，特别是婚姻生活，相爱着的两个人，你向我妥协了，我向你妥协了，这又有什么不好呢？没有什么体面不体面，没有什么软弱不软弱，有的只是会心的一笑，让自己的婚姻生活更加的幸福美满。

别说是妥协，哪怕是退步和忍让，在婚姻生活里也是美丽的，就像荡秋千的人，要往前荡的更高，就必须往后退的很远，是这样，才能感受到史多的浪漫……我的孩子，这确实是需要走进婚姻的你们细心体会的，不要太在乎谁的一言一语，不要太计较谁的一时一事……快乐地享受婚姻生活的妥协之美吧，因为善于妥协，不仅是一种明智，而且还是一种美德。

当然，妥协还需要一种境界，一种情操……这就像一把天梯，要想爬上幸福殿堂，这就要求爬在天梯上的人，必须自觉放下自己的身段，弯下腰来，才能一步一步很好地爬上去……这该是婚姻的姿态，所以妥协，也是一种积极的向上的妥协，为的是赢取对方的信任，滋养对方的感情。

这么说来，妥协是幸福的，但要认真学会也不是一件容易的事，因为人都是要强的，总想有所征服，总想有所斩获，然而到头来，我们向来路看看，人又能征服什么？斩获什么？所以我坚持说，人是必须学会妥协的，特别在婚姻中，如果一方妥协了，另一方就不能得寸进尺，在这个时候所能做的，就是当你感受到一方低下头时，一方就要伸出手来……好了，我的孩子，我不多说了，我要再次地祝福你们，也相信你们知道，幸福的婚姻取决于你们两个人，而要使其难堪，一个人就够了。

我祝愿你们幸福，祝愿你们美满。

2008年5月24日　西安后村

第三辑 家风教化之用

唯有日复一日，年复一年的教育，才能形成良好的家风。

一个家风健康的家庭，父母亲可以是孩子的老师，孩子也可以成为父母亲的老师。

活　着

活着，怎么才是活着？

我的理解是简单的，就是一个人能干活，干得了活，就是活着，而且是，谁的活干得好，谁就活得好，谁的活儿干得精彩，谁就活得精彩。否则，就只能是另一种状态了，睁着眼，喘着气，能吃能喝，却如行尸走肉般悲催凄凉。

我是这么看的，而别人怎么看，就难说了。譬如作家余华，以一部数十万字的长篇小说《活着》，阐释了他对于活着的意义。这部作品曾使他荣获了法兰西文学和艺术骑士勋章。我因此拜读了这部长篇，发现他可真能侃，讲述了一个叫徐福贵的人，随着解放战争，三反五反，"大跃进"等潮流，他活得不明不白，活到最后，父亲母亲都随他而去，他只相依为命着一头老牛……这是余华的活着，活着只有困难，活着只有悲伤，活着只有孤寂……他的活着，只能是他的活着，我相信那只是一种片面的活着，而人们普遍地活着，应该有多种多样的方向，多种多样的结果。

创造人类数字生活的乔布斯，活着时就活得很不一样。他还是个私生子，1955年2月24日出生在旧金山，正在这里读研的母亲想要把他送给一个有大学教育背景的家庭，结果却被一对受教育程度不高的夫妇收养。而他读书时，还不甚用力，调皮顽劣得让校方觉得他不可救药。幸亏教育程度不高的养父母坚持，依照他的心愿读了一所不甚有名的里德学院。在这里待了六个月，他退学了，不过他可以继续住在学校，旁听他喜欢的课程，十年后，他设计出了第一款"苹果"电脑，从此有了"苹果"不断地成长。

"保持饥饿，保持愚蠢。"

想想看，一个人活着，谁会喜欢这样的生活呢？余华《活着》里的徐福贵，一定不会这么想，因为他只是个余华臆想出来的人物。

乔布斯喜欢这句话，欣赏这句话，并以此话为他的座右铭，所以他活着，就活得好，活得精彩。

人活着，不能只想着富贵，不能只想着发达，那是会误了自己的。因为富贵不是想出来的，发达不是想出来的，就如《活着》里的徐福贵，作家给他起名福贵，他在作家的笔下，想着也要富贵，可他怎么样呢？他富贵不了，富贵不了就也发达不了。所以，一个人只是想，是想不出什么好结果的，到头来只能是白日做梦般的白想。

话说回来，还是我说的话，活着就是干活，有活干，干得了活，就是自己活着的福气，就是自己活着的证明。

我的认识影响着我，在我活着时，把我能干的活，千方百计一定要干好。我少年时，在村里的小学读书，我是班里读书读得认真的一个人，参加初中考试，我的成绩如果一般，是一定上不了初中的。小时候的政策规定，像我这种"可教育好的子女"，因为家庭原因，一个县只政策性招录两名初中生，我因成绩原因，政策性地上了初中。然而后来我再次地断了求学的道路，十三岁即返回了家乡，成了一个地地道道的农民。

农民与土地，水乳交融。

我没有怨言，我像我的祖爷爷、爷爷和父亲一样，立志要成为一个庄稼把式。我做到了，用了三两年时间，"摇耧撒籽摽垛子，扬场折项旋筛子"等农活里最难对付的霸王活，我都能干了，而且干得漂亮，到十八岁时，就已豪迈地成了村里可以领活的人。在这期间，我还自学了木工和雕漆手艺，手艺活儿来不得半点马虎，要做就必须做好，我骄傲自己，摸索着自学，却也做出了名堂，在扶风县北乡一带，我做的风箱比别人卖得贵，可又比别人卖得快……我琢磨风箱制作的窍道，发现了做好风箱的秘密，我所做成的风箱，无论大无论小，气儿都很足。我打制的架子车比别人卖得贵，可也比别人卖得快……我揣摩架子车制作的窍道，发现了打制好架子车的秘密，所以我打制的架子车，新也罢，旧也罢，制作的就结实耐用……前些日子，门分里一位堂兄过世，我回村里奔丧，还发现我当年制作的风箱、打制的架子车，大家论说起来，说二三十年了，人不如物，许多买了我风箱和架子车的人殁了，而我制作的风箱、打制的架子车还在，我经手做出来的家具，俨然成了记忆我一段乡村生活的证据。

还有我的雕漆活儿，在我们老家，也还流行着，有人好几年前，挨门齐户地找，找到我的雕漆活儿，就不讲价钱地收，听说收了许多件，有梳妆匣子，有描金箱子，我想从他手里买一件做个纪念，人家都不出手。

后来我走出故乡，读了大学，毕业出来在新闻单位工作，再后来，我又拾起文学创作的笔，来干小说、散文这样的活。我告诫我自己，这与我年轻时种庄稼，做活，玩雕漆，没有什么本质的不同，都是自己拾起来拿在手上的活儿。

既是活儿，就必须干好。

但我又常是缺乏自信的，鼓足干劲在干一件活儿时，心里倒是十分气勇，自觉自己的活儿干得不错，可到把活儿做好拿出来时，却非常的恐慌。正如我今年春天一样，铆足了劲，把自己酝酿了十年想写不敢写，从一月一日动笔，到四月十日收笔，点灯熬油写出六大笔记本的文字，厚厚一摞，比砖头还浑实，写完了，垛在书桌上，却不敢翻开来看。我想着其中的人物，还有其中的故事，直觉活儿做得粗糙了，还不精道，还有大修大改的空间。可我心虚得很，我需要鼓励，而这个鼓励不是别人能给的，于是只能求助于自己了。

"人家的婆娘，自己的娃娃。"

在乡下干活的日子里，常听人说这句话。我听得懂这句话里的意思，那就是别人家的婆娘生得好，自己家的娃娃长得好。这是不是一种鼓励呢？"保持饥饿，保持愚蠢"，我应该葆有这样的品格，饥饿自己的梦想，愚蠢地相信自己，活着咱就干咱自己的活。

而且一定要把自己的活儿干好。

2017年6月4日　西安曲江

心　气

人活一口气。

活的是哪一口气呢？最基本的该是呼吸吞咽的那一口气了，也就是说普遍存在的自然之气了。但我想了，不会这么简单，还应该有一口气，亦即人的心气呢！

自然万物，小到一只蚂蚁，细到一株纤草，无不呼吸着自然之气。我不是蚂蚁，不知道蚂蚁可也有心气？我不是纤草，不知道纤草可有心气？但我可以肯定，人所以从自然万物中脱颖而出，是因为人不仅要呼吸自然之气，还要有一股子心气，心气让人自万物中脱颖而出，让人成了人。

"没有那口心气，我是做不了这些的。"在《西安日报》工作时，我几次听我的采访对象这么给我说。当时，我没怎么太在意，到我年过花甲后，回想起他们说过的那句话，再结合他们的事迹，我是有点儿明白过来，心气之于人，是太关键了。

标题为《盲人木匠魏旦旦》的一篇小通讯的主人，不是最早给我说这句话的人，而且也不是最晚给我说这句话的人，但他说了后，对我的冲击和影响是最大的。正如我的小通讯题名一样，他是个盲人。我在想，也搜索我记忆的盲人，知道上帝给他们关上一道门的时候，可能给他们打开一扇窗，让他们可能也好走出一条道来，在那条道上走出他们的灿烂，甚至是不平凡的未来。譬如我国盲人音乐家阿炳，就以他怀抱的一把二胡，在太湖边上，创作了二胡独奏曲《二泉映月》《听松》等270首民间乐曲，使他成为一位伟大的作曲家；再譬如古希腊的盲人诗人荷马，在他的故国，创作了《伊利亚特》《奥德赛》等叙事诗，使他成为一位彪炳史册的伟大诗人，特别是他的诗歌杰作《荷马史诗》，在很长时间里，影响着西方的宗教、文化和伦理观念。这样的例子还有很多，我敬仰他们，这是因为我相信盲人虽然不能目视，但他们可以思考，可以想象，不能目视的思考和想象，在某种程度上，还可能超越目视的界限，产生目视所不能及的效果，可能奇绝，以至奇诡，甚至奇幻。然而盲人魏旦旦，他跟他们不一样，他玩的是手艺活。

手艺是靠手的,眼到手到,才可能艺精。

双目失明的他,是怎么做到的呢?二十世纪九十年代初时,我骑了辆自行车,撵到他家去,目睹了他制作箱箱柜柜,桌椅板凳的场景,时至今日,依然历历在目,不能忘记。他是智慧的,为了弥补他双眼失明的不足,他为自己设计制作了各种各样、五花八门的专业工具,让这些工具做他的眼睛,很好地帮助他,完成一道又一道木工要做的工序,最后又完美地组装起他要的一件木器家具。

我吃惊他的作为,在和他交谈时,这就听到了他说的这句话。

他说:"我可以不做木工活的。"

他说:"但我的心气高,我不相信我做不了木工活。"

心气在他身上,就是这么不讲道理地鼓舞着他,使他成为长安地界上名望远播的一位大木匠。

眼没了,心就亮了。

友人早起发给我的一条微信,我翻看着,突然就看到了这句话。说这句话的是一群山西省左权县的盲人,半个多世纪前,他们自发组织起一个当地人俗称的"没眼人"宣传队,在太行山里的左权县等地,翻山爬沟,为当地的老百姓宣传演出。他们的事迹被一位叫亚妮的杭州姑娘知道了,便毅然地走进他们中间,与他们同吃同住，至今已有十多个年头了。

亚妮姑娘在走进他们中间的时候，可是浙江卫视的当红主持人，并兼着制片人和导演的职责，而且已光光鲜鲜地获得了"金话筒奖"，当选了全国"十佳"主持人。但命运让她见着了左权盲人宣传队，她像丢了魂一样，放弃了她所拥有的一切，勇敢地地走进了他们中间。亚妮有段描写左权盲人宣传队的文字，写得诗意，俨然一幅让人动容的画卷：一队身影行进在夕阳中，左手搭肩，右手挥棍。11个人，铺盖齐整地扣在肩上，有微弱视力的在前面领路，其他人手拽前人铺盖绳，水壶统一挂在右侧，锃亮的釉彩在夕阳下泛着光……他们是太行山独特的生命形态，集体生活，流浪卖唱……山间赶路时，也会扯着嗓子唱，不为取悦别人，只是为了唱。

我写文章，这是引用他人文字最多的一次。亚妮的文字，深深地打动了我，我想也一定打动了她。如不然，她怎么可能放弃她已有的事业与成就，而走在他们中间，用了十几年的时间，把自己差不多也走成他们一样的人了。

我没有见到左权盲人宣传队，没法问询他们，所以数十年在太行山里巡回宣传演唱，可是他们胸腔里有的那一腔心气？

我没有见过走进他们中的亚妮姑娘，所以十多年不离不弃，可也是因为她胸腔里有的那一股心气？

我没说过武断的话，在这篇文章里让我犯一回忌，我相信他们所以坚持，所以不离不弃，都是因为胸腔里的那一股心气了。

心气使人坚强，心气使人成就。

2017年5月16日　榆林市神木县

血　汗

把我扔在老家的一套木工家伙，前些天打包拉回到西安的家里来了。

时间过得真快呀！把我拿在手里，日劳夜做的木工家伙，丢手不用，撂在老家我原来的木作棚屋里，已经过去了整整四十年……四十年转瞬过去，沧海桑田，我从贾平凹先生写我的一篇短文中的"小木匠"，不断地蜕变，先是进入大学深造，毕业后在咸阳、西安两家媒体工作。十一年前，则又重拾我业余文学写作的笔，开始了我几近专业的文学创作活动，闹腾了一年多的时间，在文坛上被评论家们很是大方地冠我以"吴克敬现象"，并不吝溢美之词地说我的文学创作如"井喷"。如此真切鼓励，我起心申报鲁迅文学奖了，即以我二度文学创作以来，写出的第三部中篇小说《手铐上的蓝花花》，经由首发了我作品的《延安文学》报上去，竟然幸运地摘得了这项为人瞩目的大奖。此后的日子，我还有多部作品，连获冰心、柳青乃至全国性文学大奖，有四部中篇小说拍摄成为电影，另有长篇小说《初婚》拍摄成了电视剧，并在央视八套及全国数十家卫视和地方台播出……这是我目前的成就呢，朋友们鼓励我，为我高兴，希望我有新的大的成就再出来。我想我不能辜负了朋友们的期望，因此我咬牙坚持着，可我在夜里做梦时，不期然地总会梦到我青春时期，弯腰弓背木作的情景。

我骄傲，我是很有些木作手艺和经验的。

像我制作的风箱，在我们那一带就非常出名。依当时的计价，别人的十二块钱，我的就是十六块。这没办法，谁让我制作的风箱，不仅拉动时轻灵，而且气足风大，便是计价高于他人，也还卖得比别人抢手，其中的奥妙，在风箱这一居家过日子必不可少的用具，渐被电动化的鼓风机淘汰了的今天，我是可以明白地说出来了。一切都在一线之间，为此我总结了，"木匠行里，一根墨线是准绳"。用在制作风箱上，实在是太精准不过了。我在为风箱上底上盖时，掐尺等寸，在风箱中部位置，上下左右地都要缩进一线，恰是这一线的好处，可使风箱里的推风杆，在风箱两端推拉时，不至于滞塞，难推难拉，而可以轻便滑溜地推动着，凭其惯性，不跑风、不漏气，走到风箱一端，然后又滑溜地拉动着，凭其惯性，不跑风、不漏气地走回来，开始新一轮的推拉……这是我用心测试获得的风箱木作秘籍。

描金箱子、梳妆匣子等女子结婚所用的闺房品类，我也做得十分用心，且也有自己独到的心得……前些日子，在我回到故里取回我木作工具时，还在村里见到了不少当年我打制的描金箱子、梳妆匣子等闺房器物，而且还看到我打制的一些生产工具，譬如最常用的架子车，风里来，雨里去，霜打雪漫，过去了那么多年，居然还完好无损为人所使用着……我本家的堂兄，帮我装载上我的木工家具，往我带来的商务车里转运，拉的就是我当年打制的架子车。我看出来了，自己没说什么，倒是我堂兄忍不住说了，他说我打制的架子车，比铁打的还紧实耐用。

这里是有我琢磨出的一个窍道哩。

木制的架子车，用料要选材质硬气的土槐才好。而土槐还不能是康槐，而应该是青槐……有了上好的木材，下来就是做工了，榫榫卯卯的，不能有铁钉的存在，关键都在手工雕琢的一榫一卯上了。在用凿子凿卯的时候，一定要注意卯的横断面，在切口处依线下凿,拿捏好一定的倾斜度,凿进卯的中间部位,鼓凸出一线的弧形切面,吃住楔入过来的榫头,便能死死地咬合住,想要再退出来,不劈烂卯口,是绝退不出来的……便是水浸油泡,也入不进榫卯里去。

不用算计,我死心牢记,走乡串村的我在故里踏踏实实做了十年的木工活。

我把与我朝夕与共的木工家具,别离了这么多年,从故里拉回我西安的家里,我开心又能手摸目触我心爱的它们了,我没有觉出一堆木工家具的异样,更没有嗅出木工家具的异味,但我爱人在她负责的工作岗位上,夜里加班,很晚回到家来,如我一样,亦没看出木工家具的异样,但她说她嗅出一种家里原来没有的异味了。

是什么样的异味呢?

我一时说不明白,到第二天清晨起来,我爱人去房子里这儿走走,那儿走走。还说她在屋里嗅得到一种异味来,她寻着那异味的生发点,这就走到我拉回家里来的木工家具那儿,十分肯定地给我说,异味就在这些凿子、刨子、锯子身上。

爱人的一句话勾起了我许多回忆,想我在做木工活儿时,有太多的汗水浸润在了这些木工家具上。而我还不仅流汗,可能磨破手指什么的，有我的血浸透在木工家具上，因此我脱口而出，说了两个字："血汗。"

我爱人恍然大悟，她重复地说了："对，是血汗，血汗的味道。"

2018年4月28日　西安曲江

杂　食

村里立有一通碑记，不是很大，却方方正正，镶嵌在村中央原来是祠堂的外墙上。破"四旧"时，本来是要砸了的，危急时刻，有人和了一堆泥，拌进寸长的麦草，把碑记完全地泥抹在墙壁里，保护了碑记未被砸毁。

前些日子回故乡，我在县里的一位表兄弟给我说了这件事。我便催他驾车载我去那个村子，看了今日除去泥皮，又鲜亮于人们眼前的那通碑记。

我仔细地看了，知道碑记记录了一位他们村的妇人，于1928年大饥馑时，嫁进他们村来，三日刚过，她的公公和丈夫留下些谷子和糜子，以及她和她的婆婆，就都出门逃荒去了。逃了两年荒回来，但见是为儿媳的妇人，养得红光满面，精神飞扬，而她的婆婆则骨瘦如柴，肌瘦面黄……没有问原因，没有说道理，久别回家的丈夫，一路想他新婚后逃荒后留在家里的新娘，他们见面了，该是怎么样的一场甜蜜！怎样的一场云雨！然而，事情不是他想的那般如意，他看着细皮嫩肉的媳妇，再看蜡黄干瘪的老娘，不由怒从心头起，抬手就是一巴掌，狠狠地抽在了媳妇的脸上，把媳妇打得趴在了地上，抬起脚还要踢的时候，老娘飞身过去，抱住了儿子的腿，质问她的儿子，好好地回到家里，不分青红皂白打你媳妇是何道理？

儿子这时才冲动地问了，说："留在家里的谷子呢？"

媳妇脸肿得张不开口，老娘回答了，说："碾出来吃了。"

儿子依然怒气冲冲地问："留在家里的糜子呢？"

媳妇还是张不开口，仍旧是老娘回答："碾出来吃了。"

儿子没有因为他的质问和老娘的回答消去怒气，像是洞悉了全部原委般质问还趴在他脚边的媳妇，说咱娘说得明白，家里的谷子、糜子碾成米吃了？你给我说是怎么吃的？咋把你吃得细白细白？把咱娘吃得枯黑干瘦？

儿子自觉抓住了问题的本质，就毫不留情地揭露媳妇儿。

儿子要他媳妇说，你得是吃得稠？

儿子要他媳妇说，我娘得是吃得稀？

儿子要他媳妇说，他媳妇说不出来，倒是枯黑干瘦的老娘，站出来为儿媳妇伸张正义了。儿子久别回家，不分青红皂白打了她儿媳，她赶在这个时候，抬起手来，一巴掌抽在儿子的脸上。

老娘斥骂儿子混账，空口无凭胡说话，要儿子可不能冤枉了她的好儿媳。

老娘说："留在家的那点谷子和糜子，能够我娘俩吃几天？你个没良心的，出门逃荒两年多，你知道我和你媳妇是怎么过活这七百来日的吗？你媳妇把谷子碾成米，把糜子碾成米，熬了稀饭，她就没吃过一颗米，都给我一个人吃了。你知道她吃啥吗？我告诉你，就只撇点稀饭顶上的清汤，拌着她割回来的野菜，扯回家的树皮树叶充饥。我是把我儿媳亏欠了，你个不懂事情的莽子，你打你媳妇？你来打你老娘好了！"

这是怎么回事呢？喝米汤、吃野菜的儿媳把自己养得细白，而吃稠的米粥，却把老娘吃得枯黑，不仅儿子想不通，她老娘说她也没想通，便是细白的儿媳有老娘给她的辩护，但事实如此，她也想不通……这件事，东传西传，传进附近镇子上一位老中医的耳朵，他拈须微笑地说了。

老中医说："这还不好理解，米粥只是粥，米汤里可是熬出来的米油哩。"

真相大白之日，村里几位管事的人，在祠堂里烟锅对着烟锅商量而定，把这位好儿媳的故事编写成文，着人勒石，刻出来镶在了祠堂的墙上。

勒石刻碑的目的是明确的，就是为了表彰村里守节至孝的典范，从而树立起好的村俗，好的村风。不用问，这样的效果是一定达到了，因为我在阅读这通小小的碑记时，还看得见这通碑记的两旁，有他们村选出来的好媳妇的照片和事迹，装了镜框，挂在墙上。

我十分赞赏这样的人和事，但我在此文中，不想过多的来说这样的事，而是想借着这个过去的旧事情，来说杂食的。谷子、糜子，都属于杂食，在饥荒之年，于他们那个村子和那个家庭，闹出了那样一件事，足可以证明，杂食于我们的日常生活，是不可偏废的，甚至还应该给以足够的重视。

"食不厌精，脍不厌细。"孔老夫子在他的《论语·乡党》里是这么说来的。他的话不管后来的人怎么粉饰，怎么误读，我是无心与他人辩论的，就他所说的食物的一个"精"和一个"细"字，无论谁如何狡辩，还能脱了"精细"两个字不成？因此可以说，是人都在自己的嘴上，想要吃得"精"，吃得"细"。精细的食物吃得多了，舌尖上的感觉真的十分受用，可自己的高血压、高血脂、高血糖受得了吗？不只我自己，许多朋友坐上餐桌，不是这个血压高，就是那个血脂、血糖高。中午在我居住的曲江新区翠竹园小区外的安塞地椒羊肉聚餐，九个人，七个高血糖，还有附加高血压、高血脂的，点菜时，无不表示点素点，点杂点。

我因为"三高"，就把这家开业三年的陕北餐馆，当成了我家的厨房，这里的菜特别的杂，这里的主食也特别的杂，陕北乡村出产的荞麦、莜麦、豌豆、黑豆、杏仁、地椒……无所不有的全都上了他家的菜单，这是他们杂的一种好，还有杂的另一种好，仅只一种荞麦，他们就能做出饸饹、抿节、杂面和剁荞面许多种，我坚持吃了这些年，使我的"三高"不仅得到了有效的控制，而且还有逐步向好的趋势。

饮食上注意食杂，有益于自己的身体健康，便是我们精神上健康，也是食用得杂点儿好。

这个"杂"包括生活学习等各个方面。

2017年8月31日　西安曲江

剃　头

乡下不比城里，开着专门的理发店，头发长了，要剪要剃，都有专业的理发师傅，可依据个人的喜好，剪短剃光，那是一点都不马虎的。乡下就不一样了，几百上千人是没有一个专业理发师傅的，谁要有了理发的愿望，只能相互凑合着剪，凑合着剃。而那种凑合，也是分层次的。

记忆中，我父亲的理发技艺公认是我们村最好的。父亲为人理发，不用手动推子和机械的电动推子。父亲有一把剃头刀，他能用他的剃头刀，为愿意留"洋楼"（偏分的长发）的人，剃削出中规中矩的长发，自己更能为愿意刮个光葫芦的人，剃尽满头的青丝，而不伤他刮得青楚楚的头皮。父亲能给他人理发，也可以给自己理发。他们上年龄的人，无一例外，都是要刮光葫芦的，父亲给自己剃头，像给他人剃头一样，先要烧了烫头的热水，把头架在热水盆上一遍遍地往头发上浇水，因为水热，头发上会腾起一股股如烟般弥散的水雾，使他的脑袋朦朦胧胧的，直到烫热的水，把头发浸润得酥酥的，就该是父亲动剃刀的时刻了。给他人剃头，父亲高兴了，会表演一个闭眼削发的技艺，有了这样的技艺，再给自己剃头，还能有什么问题呢？没有了。父亲右手捉剃刀，左手抚摸着他的头发，他一刀一刀，像给他人剃头一样，刀刀相挨，不留一根头发，把自己刮个光溜溜的秃瓢儿。

常听见刀割般号哭的孩童声，几乎不用猜，就知道号哭的孩童，在家里正被强制性剃着头发。也不知这是什么理由，十三岁赎身（一种流行于关中西府的成人礼）前，孩童的头发，是由母亲给剃的。母亲心疼孩童，别说有的干脆拿不起剃头刀，便是拿得起剃刀的母亲，在给自己的孩童剃头时，都不免紧张失措，把剃头刀搭在孩童的头皮上，没有不剃出血口子的。好像是，孩童的头皮多出一道血口子，孩童就会长一寸身高似的，他们便是哭破了嗓子，嚎干了眼泪，母亲的剃头刀，也要战战兢兢地把孩童的头发剃光了。其中有个信誓旦旦的理由，孩童的头发剃一刀，下一次就会生得更黑亮、更硬扎。天下母亲，没有不愿意自己孩童的头发黑亮硬扎的。我的母亲，实在听不下我被剃头时的嚎哭声，为此，她用目光征求过父亲的意见，但最会使剃刀的父亲，躲过了母亲的目光，不接她求助的信号。母亲是无奈了，挣扎着给我剃过两回头后，就改用剪刀给我剪头发了。可想而知，针线筐筐里的剪子，剪出来的头发，就像耕牛犁过的地一样，一道一道，是很不雅观的。但那又有什么呢？就是母亲为我剃头，剃出的模样，比剪子剪出来的模样好不到哪里去。

为我赎身的那一天，清早起来，父亲在利逼石上逼着他的剃头刀。一样都是磨刀子，铡刀、镰刀什么的，都用粗不拉拉的大磨石来磨。而逼剃头刀，就只能在利逼石上逼了。利逼石的质地太细了，就如研墨的砚台一样，腻腻的，滑滑的，手摸上去的感觉，就像摸着三岁小孩的屁股一般。剃头刀在利逼石上逼出来，才是最锋利的，才能够在锋刃上吹气断发。父亲这天来逼剃头刀，是要为我剃头了。我畏惧剃头，但是父亲给我来剃，我没有了畏惧，我在村街上看惯了父亲给人剃头，看惯了接受父亲剃头者舒服的模样。因此，在我终于听到父亲轻轻地唤着我的名字时，我即飞奔到他的怀里，像是豢养熟了的狗儿一样，被父亲夹在他的两腿间，缩头缩脑地接受着父亲的剃头刀。真是难以想象，父亲的剃头刀像是附着了他巨大的爱怜，在我的头上走动时，就像一只温暖的手在抚摸，一下一下地，很快就把我的头发剃完了。父亲把我从他的腿间往外推，而我还赖着，不愿意从父亲的腿间出来。

剃头，原来可以这么舒服啊！

我的头突然轻得没了斤两，站着走路，也突然感觉自己的腋下仿佛生出了两只翅膀，轻飘飘可以飞腾起来。

自此以后，我的头发就都由父亲给我剃了。我被父亲剃下来的头发，还有他自己的头发和母亲梳头落下来的头发，是不会随便扔了的。这不是父亲要管的，我的母亲像与父亲分了工似的，都由母亲来收拾了。父亲给我剃头，或是自顾自地给他剃头，母亲就拿着把笤帚，等在一边，小心地收拾起来，团成一团，塞进院墙上的墙缝里。黑黑的头发，一团一团地点缀着黄土的墙缝，让我疑惑，那可是母亲写在土墙上的墨书。这样的墨书积攒到一定数量时，街道有收破烂的人来，母亲就会把墙缝里的头发，一团一团掏出来，捧到收破烂的人面前，给我换来甜甜的糖豆儿。那比豌豆大点儿的糖豆儿，红红绿绿的，是我孩童时期不可多得的口福。

父亲老了，提不起小小的剃头刀了。

父亲不能给我剃头，更不能给他剃头了。在母亲的怂恿下，烧水给父亲洗了头，由我接过父亲用过的剃头刀，来给父亲剃头了。什么事都有头一遭，我头一遭给父亲剃头，剃得非常生疏，

140

非常不顺利，就如母亲在我童年时给我剃头一样，心里是紧张的，手微微地颤抖着，在剃光父亲头发的同时，也在父亲的光瓢上割出了几道血口子。

母亲一如既往地守在剃头现场，我把父亲的头皮割破了，父亲的面皮会抽一抽的。母亲不忍看父亲在我的剃刀下受虐，在父亲疼痛难忍而要抽一抽面皮时，母亲虽不张嘴辱我，但她会拿眼睛瞪我的。母亲的眼睛瞪在我的脸上，我没什么，倒是受了虐待的父亲，要翻着眼睛制止母亲的。正是有了父亲的鼓励，我剃头的手艺日臻熟练，用了不长时间，不仅给我的父亲剃头，还给村里需要剃头的人，动剃刀来给大家剃头了。

欺人不欺帽。帽子不是人头，只是人头上的一个遮盖物，却在民间有了如此高的尊严。这不奇怪，因为头在人的身上，是最为高贵的部分，哪怕稍稍地低一下头，也要看值不值得、需不需要，三军可以夺帅，不可夺其意志，讲的该是这个道理。所以说，谁的手长，想要摸人家的头，是必须有所顾忌的，即使两个人特别亲热，也不好伸手在人头上乱摸，尤其是小孩子，绝对不能摸大人的头，这在任何场合，都要被视为大不敬的。而如果只是剃头，就完全不一样，我年纪轻轻，在老父亲的跟前，是个永远长不大的孩子，我接过他的剃头刀子，给他剃头，就有摸老人家头的权力，不只是摸，还要反反复复摸个遍。

141

对父亲是这个样,对村里的其他人也是这样,除非我不给他剃头。

问题出在我离村之后,在大堡子的西安讨生活,我失去了为人剃头的便利,便是我父亲不幸去世,到我赶回家想给他剃最后一次头,也没能赶得上,早被村里另外善剃头的人,替我为父亲净了身子剃了头。

在村子里,是个善剃头的人,也便是个受人尊重的人。好像是,在剃头的过程中,捉刀剃头的人和被剃头的人,在这个时候,有种特别的默契和亲近,有许多平时不能说的话,到了这个时候,便自觉撤走嘴头上的岗哨,很顺溜地便说出来了。家长里短,是是非非,一点都不见怪,而且呢,被剃头的人,往往要嘱咐家里人,熬了热茶,烙了油饼,端到现场来,让收了手的剃头人来吃喝。

记忆中,我没少受这样的待遇。便是后来,村里的年轻人爱美,不愿意剃光头,要去城镇上的理发馆给他们剪新式的"洋楼",但要剃头的人依然不绝如缕,一茬人去了,会有新一茬人顶上来。原因是,务弄庄稼,是最整人、最烦人的活计。而最熬人,也最烦人的问题是,务弄庄稼就是与土打交道,土不仅要脏了手脸,脏了衣裳,同样会脏了头发。而长长的"洋楼"类发型,是最招惹尘土的,新鲜着打理几年,到有了把年纪,倒不如刮光了轻松。

前些时候,我有一种返老还童的冲动,回到村里住了一些日子。让我没有想到的是,村里人还记得我善剃头的事。先是我叫四叔的人,把我请到他家里去,让家里人给我熬茶烙油饼,然后温热了头发,让我给他剃头。我能拒绝他吗?显然不能。只说自己把手放生疏了,却也不揣生疏,捉了四叔家里的剃头刀,在他家的利逼石上,小心地逼利了剃头刀,来给四叔剃头了,起小练就的功夫哩,放了许多年,竟一点都没丢掉,在四叔的头上刮了一刀子,就赢得了四叔的喝彩,说我还像当年给他剃头一样,手是轻的,刀是柔的,很舒服。四叔一开口,就还说了当年,因为我给他剃头,他帮了我家不少活儿,收麦种秋,收秋种麦,不要我们家里人请,他瞅空儿,能帮是一定要帮的。我承认,四叔说的一点都不错,那样的情景至今还存放在我的记忆里。在村子里,不仅四叔,还有其他人,像四叔一样都帮过我家的活儿。这之中,最难让我忘记的是,我们家翻盖房子,四叔他们一帮村里我剃过头的人,三天、五天地,排了班一样,帮我家没费多少力气,就把一院房立了起来。

四叔记着我善剃头的事,还有四叔一样的村里人,也记着我善剃头的事。在我给四叔剃过头后,我便收不住剃头刀,不断地有人喊我去他们家,给我熬茶烙油饼,让我给他们剃头。像过去一样，我为他们剃头，他们会很亲近地把平时不说的话，说给我听了。他们说自己的儿子，说自己的女儿，说自己的生活，我认真地听着，听出了大家的无奈和孤寂，还有伤感和忧虑。我必须承认，他们说的和我看到的一样，村子在老去，他们的儿女，还有孙子和孙女，差不多都离开了村子，打工的打工去了，上学的上学去了，十家院落，竟然有六七家院子里长满了齐人高的蒿草，冷不丁的，就有一只两只的野兔，从这一家茂密的蒿草里窜出来，窜进另一家的蒿草丛里……问题严重的院落，原来的大瓦房，因为年久无人居住，宽宽展展的屋顶塌下来了，高高大大的院落倒下来了，只剩下朝天矗立的木头柱子，和木头做的门窗，耸立在原来的地方，向天问着什么。

天不能应，只有找我给他们剃头的村里人，絮絮叨叨的诉说。我多么想给孤寂的他们、忧伤的他们说些什么！可我找不出要说的话，只能一下一下地，给他们剃着头发，烦恼的、黑白夹杂的头发。

2010年12月11日　埃及开罗

鸡鸣声

小堡子的认识是清晰的，说一个人老了的时候，不说这个人老，而是说他走进"爱钱怕死没瞌睡"的年纪了。不想隐埋自己，我生活在大堡子里，这些年口袋里爱装钱了，做梦脚趾头痛，天明爬起来就往医院里跑，更要命的是，睡觉成了一个问题，躺在沙发上看电视，专捡那些很烂很烂的电视剧看，看着看着两眼发涩，有了些睡意，我闭眼睡着，但是不能关电视，就让电视剧那么不咸不淡地烂着，我会睡得很好，踏踏实实地，不做梦地睡一觉。可是家里人把电视关了，这一关，把我的瞌睡一扫而去，睁开眼睛就甭想再睡着。

我把我的现象说给朋友听，居然有和我一样的人，依赖着电视里的烂烂电视剧，哄着我们睡觉。为此，我真的是要感谢一部一部制作出来，卖到电视台播放的烂电视剧了。

把人能哄睡着，是人类产生以来，一直在解决，却一直都没能解决得很好的问题。我们小堡子人把这一问题归咎于年龄，年龄大的人瞌睡少，睡不着。此说是有道理的，但我不敢完全苟同，譬如我，在大堡子的西安睡不着觉，而一旦回到小堡子来，我一定会睡得很踏实、很过瘾。打春的日子，我回到小堡子，晚上吃了大嫂给我烧的汤，说了一阵话，没看电视，我便瞌睡得一下一下点着头直拜佛，大嫂就安排我在一盘热热烫烫的土炕上睡了。

我睡得可是踏实呢。如果不是右邻猪经纪三成家的公鸡打鸣，我不做梦，不起来小便的会睡到大天亮。可是三成家的大红公鸡叫起来了，喔喔喔，喔喔喔……按时按点地于四更天啼叫了起来。

城乡差别，于此是最为典型的呢。在大堡子里，把人从睡眠中叫醒来的，大多时候是飞驰在街头上的汽车。制造废气，污染环境的汽车，既是城市文明的一个标志，也是城市文明的一大祸害。城市因为汽车，就别想睡得好，吃得好。而小堡子的乡村，公鸡的啼鸣是把人叫醒来的最可爱的声音，像天籁一般自然、环保。为此，我想东拉西扯一个段子出来，让大家开一开笑口了。

这个段子是我晚上睡觉前,右邻的猪经纪三成过来找我闲说出来的。他说菊村西街你是知道的,前些天出了个车祸,是县长的车轱辘惹的事,把西街一只大红公鸡轧死了。轧死的只是一只鸡,又不是人,县长没当一回事,下车来看了看,让司机从车轱辘下把轧得血刺糊拉的大红鸡拽出来,往路边一撂,就想驾驶小车离开。恰在这时,有个穿戴邋遢的小伙儿来了,他一见死在地上的大红公鸡,当下便流出一串泪来,大声质问谁害了他的鸡?县长没了奈何,他从身上摸出二十块钱,让司机给流泪的小伙儿,说是赔偿他的鸡钱。二十块钱到了手,小伙儿没把眼泪憋回去,一下子流得更多了,像是穿了线的珠子一般,一股一股地在他脏兮兮的脸上流着,嘴上喃喃地轻唤着,"鸡呀,我的鸡,可怜的鸡……"菊村西街是啥地方嘛!一个方圆百里有名的大镇子,片刻的工夫,围上来一圈一圈的人,七嘴八舌,说啥的都有。县长不敢在人圈里久停,他想从人圈里钻出来走掉,有位鬓发斑白的老者堵在了他面前,和颜悦色问:"你是咱们的县长吧?"县长忙不迭地给老者点着头。老者笑了,转脸批评起小伙儿来,说:"你要疯了吗?没见过钱?啊,你不看砸死你大红公鸡的人是谁?是咱县大老爷哩,你知道吗?赔啥嘛赔,快把钱退给咱县长。"老者的话让县长的脸上浮出一层喜色,可这喜色刚爬上脸没多会儿,就又消退得没了踪影,是随着老者下来的话退

147

去的。老者说，一只大红公鸡不值几个钱，但这只公鸡对菊村西街可是不能少的，全村多少只母鸡呀？就都守着这只大红公鸡，大红公鸡有个三长两短，村里的母鸡就都成了寡鸡，下的蛋就孵不出小鸡，没有鸡仔，村里的鸡就可能绝种。这是真正的土鸡呢，现如今可是不好找了。关键还不在这里，全村人都靠这只大红公鸡报时过日子，特别是村主任，鸡叫头遍时，村主任不管在哪儿喝酒，有大红公鸡叫鸣提醒，他会放下酒杯走人；鸡叫二遍时，村主任不管手气好不好，有大红公鸡提醒，他会推倒牌走；鸡叫三遍时，村主任不管在谁炕上，有大公鸡提醒，他会掀开身边的热身子穿衣走人……大红公鸡是村主任的提示钟，到了鸡叫四遍时，村里的女人都知道爬起来生火烧饭，再到鸡叫五遍时，村里上学的娃娃会爬起来，吃了家里饭去上学。这下好了，大红公鸡死了，菊村西街的人可咋过日子呀？我想了，咱的大红公鸡好像还没咽气，咱就抓紧时间抢救鸡，到县医院去，给大红公鸡先做个B超，能抢救过来就成，抢救不过来再给做个CT，总之，菊村西街少了谁都成，还就真是不能少了这只大红公鸡。

　　三成的段子太逗了，把我听得笑了，笑得几乎岔过气去。

　　这就是我熟悉的猪经纪三成了。他现在是这样好笑，而过去似乎更加幽默顽皮，从来都不会俯首听命他人。就在全国"工业学大庆，农业学大寨"的日子，小堡子只有他，一个人不出工，不下地，撵着菊村西街三六九日的大集，撵着法门寺二五八日的大集，撵着天头镇一四七日的大集，今日从菊村西街买来两头克朗猪，明日去法门寺倒掉，接着又在法门寺买两头克朗猪，跟着又去天头镇倒掉，他贱买贵卖，从中渔利，是小堡子生活得最为洒脱浪漫的一个人。

自然了，猪经纪三成四处浪荡，让他成了我们小堡子最有经见、最有故事的一个人。他在小堡子难见踪影，一有踪影出现，前三后四，围上来的尽是我们那些满眼好奇的半大小子。半大小子缠着他，是要他讲故事的，讲一个不行，还要讲两个、讲三个……所以说，他是小堡子最受碎娃家欢迎的人。

碎娃家欢迎他，不等于小堡子的大人都欢迎他，像当时的村支部书记他们，逮不住猪经纪三成算他走运，逮住了他，就一定没他的好果子吃，罚他钱是轻的，开他的批斗会，说他投机倒把，是猪贩子、猪游游……这时候的他，是极乖觉的，非常配合行动，不折不扣，像是过年耍社火一样，在小堡子的大街上，游得幸灾乐祸，他在前头游，跟在后边的半大小子，一群一伙的，他控诉一声自己，半大小子呼应着，也要喊一嗓子。

"我是猪贩子。"三成敲一下烂铁盆喊一声。

"我是猪贩子。"半大小子没有烂铁盆敲，就都拍着巴掌应。

"我是猪游游。"三成继续着他的自我控诉。

"我是猪游游。"半大小子继续拍着巴掌应。

在三成游过的地方，不断有小堡子的人走过来，把嘴凑到他的耳朵边，给他认真地叮咛，"我家槽上没猪了，麻烦你下一集去猪市场，给我捉一头回来。"

小堡子人需要猪经纪三成，不管他自我控诉时把自己糟践成"猪贩子""猪游游"，大家不改他的正式职业猪经纪和正经的名字三成。正因为此，他对大家的嘱托都很上心，谁附耳嘱托他捉一只猪回来，他是绝不含糊的，肯定会完成嘱托人的任务，给他把猪换回来的。奇怪的是，只要是他捉回来的猪，这头猪的胃口就好，肯吃长膘快，换了别人还就是不行。因此，三成经常挨批斗，他还是照样不出工、不下地，照样菊村西街、法门寺、天头镇转着圈子跑，在猪的世界里大展身手，让自己活得依然洒脱、依然浪漫。

就是这么一个洒脱浪漫的人，在婚姻问题上却颇不顺。经过父母之命，媒妁之言，猪经纪三成是说了一个姑娘的，见了面，下了彩礼，计划着要结婚了，三成的母亲的肚子里结了一个疙瘩（今天说来就是癌症），总是吃不进饭，后来连汤水都灌不进去了，吃药打针的，折腾了三个多月的时间，把他母亲折腾得瘦成了一张皮，嘴里念叨着我要看着我娃的媳妇进门来，却是永远地看不到了，老人家带着无限的遗憾，去了另一个世界……新丧怎么能要媳妇呢？不能了，拖下来一年多的时间，重新准备，重新提说给三成要媳妇了，他的爹却又赶着点儿出了问题，去生产队的大田里挖崖平地，丈七八的高崖塌下来，把他爹埋了个严实，一句话给三成没留下，就撵着他的老伴儿走了……这以后，别说女方悔婚不嫁了，三成自己也没了娶那家姑娘的心，小堡子刮起一片风言风语！

风言风语往三成的耳朵里钻，自然也要钻进人家姑娘的耳朵。那姑娘的性子烈，把三成家下的彩礼、存的衣物，卷吧卷吧，收拾起一个大包袱，托媒人往三成家里一送，从此互不见面，各奔了东西。

三成懒于劳动，不爱出工，不爱下地，也许与他老爹的死不无关系，他泡在了菊村西街、法门寺和天头镇的猪市上，练着自己的眼光，填着自己的肚子，日子过得倒挺滋润，但就是落得了一个懒名声，有人给他操心说媳妇，先说他手头活泛，女方会眉开眼笑，再说一进门就当家做主，女方更会眼笑心欢，但一说他不出工、不下地，只在猪市上混，眉开眼笑、眼笑心欢的人儿立马会拉下脸子，说他们可不想闻着猪臭味过日子。

猪经纪三成的婚姻大事拖了下来，拖到我从小堡子走出来，进了大堡子，有人来大堡子瞧病，找了我，和我拉话时说起了猪经纪三成。这时已改革开放,农村实行了土地承包责任制,三成把承包在他名下的土地荒着,依然故我地在菊村西街、法门寺、天头镇的猪市里泡着。他这时泡在猪市上,没人抓他批斗,也没人逮他游街,但他把地荒着,还是不被小堡子人所看重,以为他就是个不务正业的二流子。小堡子人眼里看他不起,心里却是要嫉妒他的,他不翻地、不种庄稼,却比谁的腰包都鼓,比谁都吃得好、穿得好,这便引来了媒人,踏破铁鞋般给他说媳妇,这其中就有邻村一个姑娘,比他小了十二岁,答应和他见面嫁给他。

锅底里等肉?还是天上掉馅饼?这么好的事让猪经纪三成逮住了。在媒人的撮合下,三成和那姑娘见面了。不能说这姑娘像天宫里的七仙女一样漂亮,但也绝对的齐整大方,有模有样,高高挑挑,挺挺直直,把三成看得很是有点儿自惭形秽,他只是把姑娘看了一眼,就心跳得能从嘴里爬出来,恨不能当场捧给姑娘给她看。三成怕人家姑娘看不上他,结果出人意料的顺利,姑娘没有不同意见,她借媒人的口传话,意思是"年龄不是问题,身高不是距离"。

好了,猪经纪三成就等着置家具、办婚礼,娶得美人归了。可问题跟脚摆在了他的面前,见面后要分离了,说了好几遍回头见,高挑个子的姑娘却不转身走,搓着自己的手,在她的衣角上搓搓捏捏……三成心里暗喜,姑娘和他见了一面,就这么难舍难分，实在是他们的缘分呢。三成在心里下着决心，日后圆了房，他是一定要好好地疼爱姑娘的。三成美美地想着，媒人转来传话了，说是姑娘要见面礼哩。嗨！三成的手伸进了他的衣兜里，摸着他刚从猪市赚来的三百块钱，掏出来往媒人的手里递，媒人躲开了，说你拿得出来？猪经纪三成愣了一下，三百块不少了呀！见个面嘛，还能给个山的情、海的礼不能？敢情漂亮的姑娘不是找婆家，而是在找钱罐罐！

三成把三百块钱又装进了他的口袋里。他往口袋里装钱的刹那间，发现姑娘的眼睛一直盯着他的口袋，那眼神仿佛伸出来的一只铁勺子，盯着他的口袋，要把口袋扯破似的。猪经纪三成笑了，他把钱装进口袋，没有再往出掏钱，却在口袋上拍了拍，二话没说，转身就走了。媒人撵了两步，喊了两声，三成没有回头，也没有回话。

过了一些日子，别人埋怨他把那么好的一桩婚姻拿脚踢开了，怀疑他要打一辈子光棍时，猪经纪三成在法门寺的猪市上混了半天，猪市散了，他揣着从猪市上赚的500块钱，转到法门寺街头一家卖羊肉泡馍的饭馆门口，打算进去叫一份羊肉泡馍来吃，却见羊肉泡馍馆的门前，坐着个年轻的女娃儿，她的怀里，斜抱着个年纪很老了的老大娘。老大娘的脸惨白惨白，显见是身上有病。猪经纪三成挤进来看时，正有围观的人议论，说什么现在人

153

太会骗钱了，什么花样都使得出来，弄个老人出来，拥在怀里让人可怜，这也太把老人不当人了。议论往三成的耳朵里钻，他却听了很不舒服，是为议论不舒服，还是为拥着老大娘一副欲哭不能，不哭又两行清泪汩汩流淌的年轻姑娘？三成也糊涂了，糊涂了的他把身上刚赚回来的钱掏出来，全放在姑娘身边的一个破草帽里，二话没说，从人圈里走出来，走进了羊肉泡馍馆，给自己叫了一份羊肉泡馍，热烫烫地送到嘴边，没吃一口，端起来走到门外，送给了拥着老大娘依然坐在原地的年轻姑娘。那姑娘似乎认识他，接过羊肉泡馍碗，扑闪着泪汪汪的毛眼睛，问了三成一声，你是小堡子的猪经纪？三成点了点头，接下来又做了件让他自己都匪夷所思的事。他把口袋里作为本钱的一卷钱也掏了出来，放到姑娘身边的破草帽里，伸手招来一辆人称"大皮鞋"的出租车，帮助姑娘抱着她怀里的老大娘坐上去，让"大皮鞋"司机帮忙，把姑娘和她怀里的老大娘一并送到法门寺当街的地段医院里去。

猪经纪三成的习惯就是这样，在衣裳内衬里边，缝了两个口袋，一个口袋装他倒卖克朗猪的本钱，一个口袋装他倒卖克朗猪的利钱，他把两股钱都给了年轻姑娘，算下来该有近千元了呢。这件事他做得大方，做过了，心里不后悔是装出来的，他事后一直在心里悔着，想要把他散出去的钱捞回来，就更殷勤在菊村西街、法门寺和天头镇的猪市里倒腾着。这么过了一些天，他一次从猪市上回到小堡子的家里来，但见他家门口坐着年轻姑娘和她那天拥在怀里的老大娘，还有村里的一些人，围着年轻姑娘和老大娘，热烈地与姑娘和老大娘拉着话。

姑娘这天穿得可是鲜亮呢，一件大花格子的上衣，一件黑色的涤纶裤，都是十成新的样子，姑娘看上去，要多好看有多好看⋯⋯三成的到来，让村里围着姑娘的人把脸转过来，全都兴高采烈地祝贺他，说你赶紧把大门打开，把你的新媳妇和丈母娘接回家。

成家立业这么大的事，就这么蹊跷、这么意料之外地解决了。

成了家的猪经纪三成，还是追着小堡子周边的猪市，倒腾着克朗猪，他年轻漂亮的媳妇儿和慈爱的丈母娘，守在家里，又是喂猪，又是养鸡，还把承包到户的责任田也种了起来，他们家的日子，像吹一只彩色气球似的，一下子就红火壮大了起来。

我是梦都不做地在大嫂家的热炕上沉睡着，倏忽被猪经纪三成的大红鸡叫醒过来，想着他的大半生，就有一种冰火两重天的感觉生发出来。进而想着他媳妇养着的那只大红公鸡，在暗夜中不由得窃而笑之。我怀疑这是小堡子里唯一的一只公鸡，如不然，在它啼叫过后，全村的公鸡是都会跟着来一场大合唱的。我在小堡子成长的时候，是很熟悉那样的情景，而且也还受用那样的情景，仿佛公鸡在夜里的啼鸣，就是一种对人的安慰，它越是啼鸣得声势大，人们睡得越是安心，越是踏实、自然，它从三更啼鸣起，一次一次的啼鸣，啼鸣到五更的时候，小堡子和小堡子的人，都会从公鸡嘹亮的啼鸣声里醒来，开始新一天的劳作和生活。

猪经纪三成的大红公鸡啊！我不知该怎么说它，好像是，我对它怀着好感，它却一点都不领我的情。大年初二，回到小堡子，与它在大嫂家见了面，它就和我作上了对，好像我是它在这个世界上的大仇家一样，左看我不顺眼，右看我不顺眼，因此还明目张胆地向我发出攻击，我的大嫂吆喝它，它都不听，依然抖擞着精神，勇武豪迈地飞腾着，向我一遍一遍地挑战……三成年轻漂亮的媳妇儿听出了动静，从隔壁他们院子撵出来，呵斥着大红公鸡，这才使它收起自己的尖喙和利爪，乖乖地顺着墙角走了。

我是个不记仇的人，何况是只大红公鸡，到我躺下睡觉后，把与大红公鸡发生的不愉快全都撂到了身后。它要赶着点儿鸣叫，那是它的职责，它不会顾虑人睡觉没有，它该啼叫时，决不会闭口不叫，很守职责地啼叫着，或者使人睡得更踏实，或者把人从觉中唤醒过来。

2011年3月11日　西安曲江

小堡子

在西安城里，自称"小堡子"里的人越来越多了。但我要说，头一个说出"小堡子"的人是我，我把自己的说法，早在二十一世纪初的时候，写在一篇短文里，在《西安晚报》的副刊上首先亮相，此后又一而再，再而三地在一些文章里露脸。我这么说，心里头是有那么点儿自傲的，言下之意，我虽然来自农村，在西安城里工作，心里牵念着生养了我的乡村，觉得大城市没有什么了不起，像我生活过的村子一样，只有规模上的差别，其他方面，诸如人文情感、饮食习俗等等，是没有多少差异的。某种程度上，好像大城市还不如乡村那么温暖，不如乡村那么恬静。譬如人情，譬如饮食，在乡村要浓厚一些，在乡村要健康一些。于是，我不无解嘲，又不无自傲地说自己是"小堡子"人，到"大堡子"混饭来了。

所谓"大堡子"，所指就是大城市。

小也是堡子，大也是堡子，可不都是堡子吗。因此，我一个半路闯进西安城里的乡下人，尽管乡下的口音难改，却也没了自卑，也没了不自信，心情坦然地混迹在大堡子里，吃也吃得，喝也喝得，干事自然也就干得。可是我还会心牵小堡子，生活里心牵，梦里头也会心牵。

如保存得很好的西安城墙一样，我生活过的小堡子，是也有那么一围方方正正的城墙呢；像西安的城墙一样，在城的外围，又还深掘了一圈护城河……这就是咱们中国人的一种活法了，特别是在黄土深厚的北方地区，集居的人多了，就夯土筑起一座大堡子，集居的人少了，就夯土筑起一座小堡子……高筑墙，广积粮，缓称王，古人的智慧在这方面用的是很给力的。

听村里的老人说，我们小堡子的城墙，在抗战前，是非常管用的。那时候的日子不甚太平，乡村里匪患不断，我们住在城围子里的家户，早起开城门，晚上关城门，都有专人负责，一点不会马虎。有一次，北山上一帮有实力的土匪，大白天的时候，安排了内应，先潜伏进堡子里，到晚上，准备打开城门，放土匪入城抢劫。便是如此周密的一次计划，也被负责管护城门的人发现了，在潜伏进堡子的内应，半夜往城门方向移动时，堡子里管护城门的人，悄悄地跟随着，直到潜伏内应，把手伸向城门的大铜锁，想要把大铜锁打开时，几个管护城门的人，一哄而上，把内应按倒在地，绑了一个扎实，拖到城墙顶上，把内应从城墙上像放滚木一样，滚了下去……一场预谋的抢劫计划，就这么被粉碎了。我们小堡子，因为城墙的庇护，大的匪患就没有发生过。

1949年以后，我们小堡子的城墙基本成了一种摆设，没有了土匪，也没有了战乱，有的是发展生产、安度日子，原来管护城门的组织，也自动失效。到我记事的时候，厚重的老榆木城门还在，但晚上不关，早上自然也就不开，出出进进，自由自在，特别是我们一伙碎崽子娃娃，把城墙当成了我们玩乐的最佳去处。大家成群结伙，形成对垒的两方，呼啸着冲上城墙，又呼啸着冲下城墙，哪方胜，哪方负，都在其次，根本在于一个热闹，热闹了自己，热闹了城墙。

自然了，城墙外的护城河，也是我们碎崽子娃娃的好玩处，不过，那样的好玩，有着很强的季节性。

春天来了，护城河里经过一场雨润，在淤泥一般的土下边，探头探脑的，会钻出无数的芦苇尖儿来。那时候碎崽子娃娃会安静几日的，像我一样，大家都被嫩笋似的芦苇尖儿所吸引，爬在城墙头上，看着向上奋勇生长的芦苇芽儿，怀疑那一根根芦苇芽儿的土下边，都有一个力大无比的壮汉，举着他们往上长……它们生长得那么卖力，让人几乎惊心动魄，板连在一起的淤泥，是很硬实的呢，可是嫩嫩的芦苇芽儿，都会穿透板结的泥块而生长起来，个别的，一时不能刺穿板结的泥块，干脆就顶起来，一直地顶着，直到把庞大的板结泥块顶翻在一边，它自己不管不顾，继续它的生长……呼呼啦啦，要不了多少日子，护城河里就满是埋得住人的芦苇荡了。

风吹芦苇荡，干涸无水的护城河，一下子像是蓄满了碧绿的河水，在风的鼓动下，波涛翻滚，很是壮观，而我们碎崽子娃娃，也都把浩渺的芦苇荡当作自己的乐园，逮着机会，就全都鱼儿一样，潜游进芦苇荡里，玩得不亦乐乎……啊！兔子，兔子！……啊！野鸡，野鸡……平日很难见到的野生动物，像我们碎崽子娃娃一样，也把芦苇荡视作了它们的乐园，在芦苇荡里生崽子，或是下蛋孵崽子了。老实说，我们逮住过野兔的小崽子，也逮住过野鸡的小崽子，但我们没有伤害那些毛茸茸的小崽子，直觉那可爱的小崽子，与我们一样，是要获得呵护和爱怜的。可是，蛇和我们的想法不一样，幽灵一样潜伏在芦苇荡里的游蛇，让我们碎崽子娃娃害怕，总担心我们的嫩腿嫩胳膊，被可恶的蛇咬了……大人是这样告诫我们的，蛇把谁咬了，谁就去死吧，没药可救的。不过还好，我们碎崽子娃娃成天在芦苇荡里乱窜，倒没谁被蛇咬了,而小小的兔崽子和鸡崽子,时不常地会被蛇咬了去。碎崽子娃娃们,就见识了好几次。对于蛇的这一暴行,碎崽子娃娃们是可忍,孰不可忍,只要发现蛇吞兔崽子、鸡崽子,便绝不会袖手旁观!救不活兔崽子、鸡崽子是我们无能,但致死可恶的蛇,我们有的是办法,乱砖头砸死是最常用的方法,后来不知谁的发明,要让蛇倒栽桩立起来死。这个方法可是太有趣了,蛇在吞噬了兔崽子和鸡崽子时,是很笨拙的,比蛇的身体大了几倍的兔崽子和鸡崽子,钻进蛇的肚子里,会把蛇的身子撑大成一个疙瘩,这使爬行迅速的蛇,就不能如常爬行了。逮住这个机会,我们碎崽子娃娃,在蛇的前路挖一个小土坑,赶蛇爬到坑沿时,用折在手里的芦竿儿,把蛇头摁进土坑,填上土夯实,蛇的身子便会如一根吹了气的橡皮管子,一点点地直立起来。

原来想,我们碎崽子娃娃的乐园……高高大大的城墙,芦苇茂密的护城河,一代一代相传,还会成为我们后世儿孙的乐园呢。但却不承想,突然地就毁在长大了的我们手中。

小堡子里的人口迅速增长,被一圈高墙圈围着的小堡子怎么都盛装不下了。许多人家的院子,兄弟们分家,少则三两门,多则五六门,原来的一个灶头,分出那么多的灶头来,到了饭时,锅碗瓢盆的响动,绝对不及交响乐那般美妙,许多不和谐的因素,在烟熏火燎中,不知因为何事何由,会突然地爆发出来,亲亲热热的兄弟要大打出手，亲亲热热的先后（妯娌）要大骂出口……一个大门里，是怎么都容不下血肉相亲的几个家庭了。怎么办呢？推毁城墙，扩大庄基地成了燃眉之急。而且是，集体化的土地，也是日薄一日，眼见大家辛勤地劳作在地里头，收成却不增反降。庄稼汉又有这个经验，陈年的老墙，可是不可多得的好肥料呢，推倒了敲碎，拉运到大田里去，撒开来，就能厚地，厚地就能生长出好庄稼。

没怎么动员，小堡子人一齐上手，在二十世纪七十年代的一个冬天，大家昼夜轮换，向城墙发起了十分强大的攻势。那一围不知哪一代老祖宗修筑起来的城墙，竟然脆弱得如纸糊的一样，好像没怎么费力，便在小堡子人的老镢头下，碎成一堆堆的碎土末，车载人挑地运送到大田里去，散散地扬开来，从此一无所有，连点可以记忆的踪迹都没有了。

护城河断断续续地还保存了一些年，却也经受不住宅基地的持续扩张。今日这家分门立户的填起一段，明日那家分门立户的填起一段，没有几年的时间，就也把护城河全都填成了住家的院子。

我们兄弟分家后，包括我在内，就有四户是填了护城河重起的院子。然而，护城河是填起来了，却还不能填实芦苇的生命，到了春发的日子，依然会有个别芦苇的芽儿，穿透厚厚的夯填土，在成了住家的院子里刺出来……有些年头了，我从小堡子里走出来，进入到西安的大堡子，我有了机会，是还要回小堡子看看的。我遗憾当年毁掉了的老城墙，也怀念曾经芦苇密布的护城河，心怯怯地掏出钥匙，打开有点生锈的大门锁，推开榆木的门扇，我是吃了惊了。我发现，我的院子里，竟然生满了芦苇芽子，今年是这样，明年还会是这样，不仅我的院子里生出了芦苇芽子，就是我家的墙头上，屋子里，也都生出了芦苇芽子。

这个让我有几分凄楚，又有几分欣慰的景象，是在去年春上的时候看见的，生命力强韧的芦苇呀！让我的精神世界有了一个坚强的启示，我要说："我是小堡子人。"

2011年12月17日　西安曲江

第四辑 家风革新之变

古老的"家风",这个曾经赋予我们无穷力量的符号,在新的时期,也要求注入新的元素,以青春的面孔,创造新时代的新家风。

百 岁

同乡中走得近的毋宽奇，为孙女做百天，给我说了，要我在宴会上代表来宾说几句话，我不能推辞，我是必须来说了。但说什么呢？到我被请上主席台，拿过麦克风，才理出了点眉目。当时我想，他儿子儿媳妇大婚，也是我代表来宾讲的话，其时讲了什么？我不能全想起来，但我知道，我一定说了新婚的小夫妻，要恩爱白头，早生贵子的话的。于是我顺着这句话，在他孙女百天的欢宴上说，日子过得真快，荣耀的老毋家，前年子娶娇妻，今岁给孙女庆生，这是人生生不息的一种责任，我们为老毋家祝福，祝福老毋家孙女百岁！

我们关中西府的扶风乡里，给小儿过百天，原始地叫了百岁。

百岁好啊！一日一岁，我相信在座的来宾，都会对新生儿的百岁，有种心悦诚服的认同。

长命百岁，善良的人们把最美好的祝愿，提前在了一个孩子的百天里。

这是我随陕西体育新闻工作者协会主席团成员，出发留坝县参加一项自行车越野赛前经历的事。今年初换届的省体育新闻工作者协会，我被推举为主席，这次活动，是我们新一届主席团组织的头一场活动，我有我的文学创作计划，本不想去，但职责在身，我抽出时间来，还是跟大家一起去了。

全民健身，是现在提说得最响亮的一件事。留坝县在全国范围内，是这方面工作做得很有成效的一个县，他们一个不到四万人口的山区县，大抓校园足球，出了不少好的足球苗子，其中一位进了"国字号"16岁组的队伍，一位进了"国字号"14岁组的队伍，这样的成就，不能不让人肃然起敬而开口称道了。他们有个发展规划，把体育与教育，把体育与旅游有机结合在了一起，所以就有了多项体育赛事的举办，我们参加山地自行车定点越野赛，只是众多赛事中的一项，仅此即已吸引了数省市几十支队伍参加。

启动仪式我们主席团成员是要参加的，发令枪响起后，参赛选手,无论老,无论少,无论男,无论女,都依次奋勇地向山路上飞驰而去,而我因为西安还有事情,就告别了主席团的朋友,独自往回返了。

走出留坝县境,来到与之毗连的凤县,在凤县一处名曰长生村的地方,我们弃车向村子里走去。为我驾车的小司机是个热心人,他常在这条公路线上跑车,熟知这条公路上的一切。往长生村去,就是他给我说吴老师是扶风人,你可知道,长生村现在最长寿的人,可是你们扶风人哩!

正是小司机的这句话,引起了我的兴趣,我要去拜识一下这位老同乡了。

而就在这一刻,我想起了我同乡给孙女做"百岁"的事,同时又还回想我们到访了的留坝县,他们认真全面健身,不正是为了人民群众的身体健康,长命百岁吗。

围在秦岭山里的长生村,别说是人长生,便是他们村里的树木,似乎也都长生,一棵一棵的核桃树,一棵一棵的皂角树,还有一棵一棵我们叫不出名字的杂树,在曲曲弯弯,高低错落的村子里,这里一棵,那里一棵,差不多都在百岁以上了。最大的一棵核桃树,粗估三个人手拉手也抱不住。树下有位年方十八岁的小姑娘,她利用暑假,在核桃树下支摊子,出售木耳、香菇、蕨菜等山珍,我问了小姑娘,她说她爷爷说了,这棵核桃树三百岁了。我顺着小姑娘的话，问她爷爷的年龄，小姑娘手指一边看着她做生意的老人，让老人说他的年龄，老人耳不聋眼不花，给我说他就是小姑娘的爷爷，他不瞒我们，说他在村子里算年纪小的，都快奔九十岁了。

有一方做工考究的木牌子，就矗立在核桃树下，我用手机拍了下来。这个木牌有一张老妇的照片，照片下是老妇的简介，白纸黑字，明明白白地写着老妇一百〇二岁。

长生村有多少这样的木牌呢？我没时间数，问别人，也没人说得清，就只看见，远远的这里一个，那里一个，还有好多个，我即顺着木牌的指引，到了同为扶风籍的百岁老人张艺桂的院子里。

张艺桂的耳朵聋了，我说什么，她听不懂，只用眼睛看我的口形，就知道我问了她什么。

她先看我口形，说她104岁了。

她还看我口形，说她是抗战时逃难到凤县长生村来的。她的话匣子一打开，就不等我问，说她娘家是山外的扶风县午井镇，前些日子，午井娘家人来了一大帮子，她叫不出他们的名字，她感受得到他们的亲。他们不该告诉她，说她弟弟过世了。

老人说到这里，眼睛湿了，她抬手去擦，擦着又说了一句话。

老人说:"我弟小我十六岁,他可是比我热闹富足哩,咋还就走在了我的前头。"

热闹富足不能长寿,而荒僻清寂倒可以长寿。老人没想说明什么,却已说明了一切。

2017年7月29日　凤县长生村

血社火

"娃娃爱过年,老人怕花钱。"小时候响在耳边的这句话,现在想起来,不禁觉得好笑。如今是,日子好过些了,娃娃爱过年,老人不怕费钱了,红肉白馍,糖果糕点,堆满了屋子,只要不吃出病来,没人去挡谁的嘴;花钱哪怕如流水,也不要紧,只要能找到花钱的把戏,大把的票子往出掏;穿着打扮也是极尽光鲜亮丽,时尚先锋……然而,过一个年,回头来想,除了一身的累,又有什么呢?倒像是,富年还不如过去的穷年过得有意思。

何也?原因百条千条,我以为最核心的问题,没了穷过年的那一分热闹。此外,还少了那一分程式化的旧俗。

穷过年的时候,广播喇叭和报纸上呐喊得震天响,要破旧俗、树新风。说是这么说的,破除却一点都不容易。在传统旧俗里习惯了的人,不能说是顶风抵抗,大家完全在一种惯性的使然中,过年了,还要照本履行那既往约定的旧俗,有条不紊地实施着。请先人回家,吃团圆饭,是所有旧俗中最先开始的程序,年三十的下午,乡村中的各家各户,在长门子孙的率领下,能颠能跑的儿孙们,挑上灯笼,端上香裱,鱼贯地寻到祖坟上去,把长眠在坟地里的先人,一个坟头一个坟头地去请,点香化裱,呼唤着先人的称讳,响响地叫着,亮亮地叫着,都叫到了,就在灯笼的引领下,从祖坟里走回来……我参加了许多次请先人的活动,去的时候,感觉确实不甚强烈,回来的时候就大大地不一样。我们请先人的队伍里,呼啦啦参加进来一辈一辈又一辈的先人,声势自然要大起来,浩浩荡荡,就是我们的身前身后。他们是我们过世了的爷爷奶奶,祖爷爷祖奶奶……爷爷奶奶的爷爷奶奶,祖爷爷祖奶奶的祖爷爷祖奶奶……当然,还可能有我们至亲至爱的父亲母亲,我们看不见先人们的身影,但是我们谁能说,他感觉不到先人的呼唤。与自己血脉相传的先人一起回家过年,我们平时哪怕匪得上天入地,但在这个时候,走得都很稳重,一步一步,踏得又稳又实。要知道,我们虽然年轻,但与我们同行的先人,可都是百岁以上,甚至数百岁的老人呢!

把先人请回家,安顿好,才可以在家门口燃放爆竹的。年的脚步，至此拉开了序幕，熬夜吃年夜饭，拜年串门走亲戚……一应节俗，真是又忙又乱，到了初十日，就把年的气氛推到了高潮上，所谓"小初一，大十五"，是那时过年最真切的写照。

正月十五，可就是元宵节呢。

欢天喜地闹元宵。一切的主题都在那一个"闹"字上了。是从初十日开始闹的，怎么闹呢？跑竹马，放焰火，耍社火……东村向西村下请帖，北村向南村上约书，互相是要斗一斗了，不斗不热闹，不斗不开心。我们小堡子人少，自己立不起排场，却也不甘寂寞，依附在临近叫着寨子的小堡子来与邻村斗热闹了。

记忆中斗得热火朝天的一次社火，发生在二十世纪六十年代初的时候，几年的灾荒，村里死了不少牲口，还有不少人。大家的锅里，汤汤水水稠了点儿，想要冲一冲遭灾的晦气，就在年关过后的元宵那天，向近邻的几个村发出邀请，要斗一斗社火了。

这时的我还小，赶上饥荒，村子里好几年都没耍过社火，往前推，虽然见识了热热火火的社火，却也因为不大上心，便没有多少记忆。倒是这一次，给我留下了太深太深的印象，原因是，我这一次被选为装扮社火的范儿。

村里的后生女子多了，赶上耍社火的机会可是不多，能被选为范儿，是何等荣耀的事情啊！家里因为有后生女子作社火范儿，不仅能够获得三斤小麦的酬劳，而且在耍社火的时候，可以伴随装成社火范儿的后生女子，一路跟进，让自己在乡亲们面前也露个脸儿。

主题虽然突出一个"闹"字，横空里又加进一个"斗"字，村与村之间，就难免不暗中较劲，打探对方村子，在斗社火时，会出什么绝招。为了斗赢，保密是创作社火的日子里，最为重要的事情。我就知道，我们小堡子依附着寨子，由管事的社长发下狠话，谁要走漏秘密，就罚谁家夏季分粮时少分一百斤口粮。这个惩罚措施是要命的，那个时候，大家的精力都用在了嘴上，谁敢冒险在自己嘴上找不痛快。为了避嫌，有幸选为社火范儿的人家，自觉关起门来，村里人来串门子都不让进，便是邻村的亲戚，老远赶来，手里提着礼品，到了家门口，也是不让进的。我们家就是这样，邻村老舅家的一位德高望重的舅姥爷，不知是不晓得这一层规矩，还是他负有探听秘密的特殊使命，不顾年迈体弱，到我家走亲戚来了。我其时在排练社火的围子里不知道，晚上回家来，只见母亲眼睛红红的，是哭过的样子。我问母亲，母亲拿眼剜一边的父亲，父亲也不躲避，给我说，你舅姥爷今日来了，是看你来的，我没让进门，隔门给你舅姥爷端了一碗热水，连他的礼都没收，就把他打发了。"怎么可以这样呢？"我质问父亲了，父亲依然没有躲避。他说了，说你舅姥爷是个特务。特务这字眼，在那个年代是最敏感的，电影中，戏剧里，凡是特

175

务，都是人民的公敌。父亲的话把我吓了一跳。我吃惊着，只听母亲和父亲鸭一嘴，鹅一嘴地掐着，在他俩的掐仗里，我听明白了，父亲所说舅姥爷是特务，是担心他来刺探我将扮演的社火呢。而母亲坚持的道理是，你把娃娃的舅姥爷都敢挡在门外，我日后还怎么到娘家门上去？！

父母亲的是非，我管不着，但我相信父亲的判断，舅姥爷就是一特务，刺探我扮演社火的特务。因为在我们小堡子和寨子一方阵营里，也是秘密派出了几个特务的。相邻的几个村子，你家姑娘嫁到我家来，我家姑娘嫁到你家，亲戚套着亲戚，像舅姥爷以走亲戚做掩护派去几个特务不是难事情。而且是，我们一方派出的特务，已经成功刺探到邻村的社火绝活儿了。

上寨子是我们一方斗社火的劲敌，许多年了，闹社火总是他们占上风。这一次，他们准备的是彩亭子。

彩亭子艺术，说来很有讲究，几乎融铁工、木工、刺绣、缝纫、建筑等村社技艺于一体，雕刻、绘画、文学、力学于一炉，结构巧妙，造型奇特，色彩绚丽，为社火这一民间艺术所不多见的高品质。其特点，可用五个字来概括：高、雅、险、奇、巧。别的不说，就说亭子的高吧，你知道怎么叫高呢？一层叠一层，少则三两层，多则五六层，往矮了说，也有两丈多！在我们那地方，把社火能耍得这么高，可是不容易哩！再说这雅吧，怎么就雅了呢？一个标准，主要在人物造型上，不用假模子，而是全要真人，特别讲究的是碎崽子娃娃，脸谱化妆，以及环境背景，一样不能缺地构成一个折子戏的情形。所以说，推出一个彩亭子的社火，没有戏剧、杂技、舞蹈、拳术、建筑诸方面的人才，就甭想玩儿出彩来。

派出的探子打听回上寨子的信息，让我们小堡子和寨子里的人好不泄气。过往的年份，上寨子推出他们的绝活彩亭子社火，我们周边村子，看着人家的社火，自己就会哑巴下来。怎么办呢？泄气的我们，却一点都不甘心，把原来操练得都有了些眉眼的骡马大社火暂停下来，招来小堡子和寨子里有些心眼的人，开了三天两晚上的诸葛会，汇总"诸葛"们的意见，决定弄一台血社火，与上寨子的彩亭子决一雌雄。

新鲜刺激，是血社火需要突出的要点。

当然还要保密，千万不能让人家把我们的血社火秘密探了去。怎么办呢？把参与血社火活动的人，集中在寨子里的一家空院里，门口设了民兵岗哨，进来的人，吃住都在空院子，要什么材料，传出话去，自有跑外围的人采购回来，送进空院来，差不多修改编练了五天时间，到了正月十五斗社火的那天，空院的一面黄土墙推倒了，三匹枣红大马拉着血社火的车辇登场了。

功夫不负有心人，血社火甫一登场，就把闹元宵的人们，呼啦啦吸引了来。

别管他上寨子的彩亭子社火多么高！别说他上寨子的彩亭子社火多么雅！我们的血社火可是也不低呢！而且也是很雅的。不仅如此，血社火还展现出一种前所未有的险、奇、巧。所以说险，是在马车上给装扮的人物以云游感，加上马拉大车在行进途中，闪闪悠悠，似坠非坠，要斜不斜，欲倾不倾，让闹元宵看热闹的人，把心不由自主地要提起来，惊讶莫名，跟着社火，生恐扮社火的碎崽子娃娃，一个闪失掉下来。观者的担心不能说没有道理，但是又纯属多余，他们没有见识排练血社火的过程，在马车上竖起的那根高杆，与车的车轴和车辕，绳绑索捆，成为一体，担心翻车，在车轴下人眼不能见的部位，又还吊了两块很大的牛坠石，底盘的稳重，保证了高杆上扮演社火的碎崽子娃娃，可以在高杆顶上，翻手是云，覆手是雨的闹腾……那么血社火的奇呢？不说不知道，说了还真是要吓人一大跳哩！两丈多高的大木杆上，又用铁棍儿特殊打制的横梁，细细长长，曲曲弯弯，在每一个曲处，每一个弯处，都极尽可能地装饰了花花草草，直到横梁的尖端处，站一金鸡独立的碎崽子娃娃，悠来荡去，好不新奇……然而，新奇还不在此，大家猜都猜得出来，在铁梁的横梢上站立的碎崽子娃娃，一定是绑扎在相连一起的铁梁上的，大家不用特别操心娃娃的人身安全问题。可是，站得已经很高的碎崽子娃娃,在高高的杆子顶上,还要做出许多动作来。这些还不算,最不可思议,更不可想象的是,晃晃荡荡地架在高杆上的两个碎崽子娃娃,一个的穿着打扮,破破烂烂,显见是一位受压迫受欺侮的穷人,一个的穿着打扮,有狐皮帽戴,有绸缎的长袍子穿,自然是个欺压百姓祸害人民的老财东了。前面说了,我被选为社火范儿,在高杆顶上装扮的就是那位老财东,我的手里握着根牛皮鞭子,一会儿在那个穷汉子的身上抽一下,不知抽到多少下时,不甘心总被鞭打的穷汉子,从他的破袄下抽出一把亮光闪闪的大刀,向我的脖子砍来,砍进我的脖子里有一寸深,我的脖子上,从刀砍的地方,呼啦啦流出一串子血浆来……在这一刻,我听见人群里一片惊呼,惊呼声里还夹杂着一声石破天惊的啼哭。我听得出来,那一声哭是母亲发出来的,母亲真以为我被那锋利的刀砍进了脖子里。其实这是假的,那是一把纸糊的大刀,横流的血水,也只是普通的红墨汁,其中掺了很重的鱼胶,砍进我的脖子,等上一会儿,冷风呼呼地吹,连肉带血的纸大刀,就会粘连在我的脖子,便是持刀砍我的"穷汉子"松了刀把儿,纸大刀也不会从我脖子上掉下来。母亲把假的当了真,她一声失魂丧魄的啼哭后,接下来竟闭了气,整个人僵硬地向前扑爬下来,昏倒在社火一边……站在高处的我,清清楚楚地看见了母亲,悲痛欲绝,昏晕在地的母亲啊!我还是孩子,我此前受过严格的社火训练，耐得刺骨的冷风，耐得了孤悬高处的眩晕，但我不能忍看见扑爬地上吓坏了的母亲，我扯开喉咙，脖子上驾着那把血淋淋的大刀，没命地哭喊起来，我哭喊着娘，说："我没事，我好着呢！"

我不知哭喊了多少声，昏晕在地上的母亲，这才慢慢地睁开眼睛，看着架在高处的我，母亲笑了。

血社火取得了空前的成功，把上寨子的彩亭子社火比得灰头土脸，让小堡子和寨子里的乡邻，很是长了一回老气。

因为是我成功扮演了血社火，我在此后的日子，竟像如今成功扮演了某个影视剧的演员，立马成了人们眼里的明星，走到哪儿，都要被人夸奖，受人崇拜。便是元宵节过后，请回家里过了年的先人，要送他们回天堂地府这样的大事，我也身价倍增，成了送别老先人的主角。要知道，这件事项，是一个家族，一个门分里一个最隆重的仪式，我在社火里挨了一刀不死，这就不得了了，仿佛得道成仙的异人，大家是借这个吉利的。

碎崽子娃娃的我，从安顿着老先人的灵位上，叫着一个一个先人的称谓，撤去供献，把他们请下来，举着不见影子，不见形容的他们，浩浩荡荡地进入祖坟，然后，又一个一个地叫着他们的称谓，把他们送回去，在他们的坟头前，上香烧纸。

慎重严肃地履行完这一切职责，我们从祖坟里离开。其时，我还一下不能从那种仪式里醒过来，倒是比我年长的门分中人，有人摸着我的脸蛋说了。

他是这么说的，你个挨刀的老财主！

2011年12月17日　西安曲江

灶爷的嘴巴

关中的大年从腊月二十三就开始了。

约定俗成的做法,在这一天是要祭灶爷的。这是一件神圣的事情,挨门各户,无论穷家,无论富院,谁都不敢马虎的。记得长辈人请灶爷,比这一天还要早一些日子,有人牵着一只小毛驴到村里来了,带来了木板刻印的灶爷,一张一张地撂在一起,都是经得起烟熏火燎的白色粉簾纸,印着大红大绿的色彩,约莫看得清一个慈眉善目留着长须的老人,捧在牵驴人的手里,自然有人围来,来请灶爷了。

当时我很奇怪,请灶爷不用纸钞,只用粮食交换。我就见家里的老人,与村上其他主持家政的老人,不约而同地,端着半升的小麦，在牵驴人的跟前，把小麦倾进一个麻布口袋，自己揭一张灶爷，嘴里念叨着回来了，灶爷回来了的话，恭恭敬敬地请回自己的家，等着祭灶这天，把灶房安顿了一年的老灶爷请下来，再把新请回来的灶爷贴上去。

整个仪式称之为祭灶。先由母亲在灶爷的纸背上涂了糨糊，端端正正地贴在灶房的正墙上，再由父亲给灶爷的两边挂对联。那个对联上的句子千家万户一个样，千年万年一个样，是那么两句不变的话：

上天言好事，

下地降吉祥。

自然还要挂上横批的，也是终古不变的两个字：如在。

现在看来，祭灶的仪式是潦草的，而安顿灶爷的位置也是潦草的，不像天神、地神，差不多都要砖雕或是木作一个庄重的神龛，把天神、地神像模像样地供奉在其中。灶爷就享受不到这样的尊崇了，这似乎与大家心性有关，所谓灶爷，就完全地视其为家里的一个白胡子的老人，这便有了十分的温暖和亲近，潦草一些也不致惹得他不高兴。

然而有一道程序是不能少的，也是天神、地神享受不到的。那便是在新请的灶爷嘴巴上，一定要抹上香甜的蜂蜜的。

这么做，不是说灶爷的嘴巴馋，而是像挂在他两侧的对联一样，期盼他向上苍多说好话，为人间带来福气。

起小，当我看着父母祭灶的一举一动，从来没有怀疑这有什么不妥。甚至在父母完成了那些程序走后，我还会站在灶爷的面前，望着袅袅燃烧的纸香，双手合十，抵在额前，虔诚地说出一个自己的祈愿。

我的祈愿很简单，只有一个，就是祈望自己和家人不要饿肚子。

说句实在话，出生在二十世纪五十年代的人，没人幸免，都是饿过肚子的。我想，像我一样，站在灶爷的面前，祈愿不饿肚子的孩子会有很多。但我们的祈愿，不知灶爷听到了没有，总是得不到满足。于是，竟对慈祥的灶爷产生了一些怨恨，直到有一次，父母在给新请的灶爷嘴巴上抹了蜂蜜走离后，我搬了一把小凳子，站上去，把灶爷嘴巴的蜂蜜擦下来，抹到自己的嘴里吃了。我怀疑吃了蜂蜜的灶爷，自顾了自己的馋嘴，而忘了人间的疾苦。

很不幸，被我剥夺了嘴巴上蜂蜜的灶爷，是我们家在那个时代请的最后一位灶爷。接下的许多年，村里再没来过牵毛驴以麦兑换灶爷的人，家里就再也没有了灶爷的位置。但是灶房安顿灶爷的地方，还留着一方比别处洁净的墙面，我发现双亲，经常地，还会对着那方墙面，双手合十，抵着额头，作虔诚状。可是，烟熏火燎，一面墙渐渐地就分不出曾经安顿过灶爷的地方了，全都楚楚成了一个颜色。

没有了灶爷，灶房的锅里比过去更稀了。把肠子饿得像根干拧的绳了，苦做苦盼了一些年，我却有幸走出了村子，走进了繁华的城市，操作起文字来，不见什么大出息，就想着再回村里待上些日子，就又看到各家各户请在厨房里的灶爷。现在的乡村厨房，如乡村人的生活一样，已经有了很大的变化，只说烧的，也由柴火改成了液化气，而吃的变化就更丰富了，细米白面吃腻了，想着法子弄几顿粗粮吃。不过，灶爷的形象没有变，还是原来木板印刷的那一种，红的颜色要红透了，绿的颜色要绿透了，尽显一种富贵的神态。

就在前两日，老家来人，给我也请了一张灶爷，我学着父母当年的样子，敬贴在我西安城家中现代化的厨房里。

2007年1月10日　西安太阳庙

穷人心得

"谁不会做一家穷人啊！"还在小堡子的老家钻着的时间，常听村里人这么说。他们说得理直气壮，洋洋自得，不亦乐乎，好像做穷人是一件多么光荣快乐的事情。这不难理解，那个时候，大家是比着穷的，"谁穷谁光荣"，你敢不穷吗？所以大家都争着穷，因此才有了我在老家小堡子时时常听到的这句话。这使我怀疑，我们穷得时间长了，对做穷人是很有心得的，都会做穷人，而不会做富人了。

这是不是也该算作我们的一种特色呢？

透视我们的历史，并结合我所经历的现实，我必须承认，在我们的社会生活中，有时候做个穷人的确不错，他们如鱼得水一般，的确是很快乐的。稍微用一点心思，就不难发现，几千年的中国历史，所记载和辨识的，有很多都是关于穷人的学问。寒门出孝子，柴门出状元……只要身穷，就会被人同情，被人赞美。看起来人穷了真是不错呢。历史的总结也在证明，穷人所以穷，不外乎有这两条理由，一是"官逼民反"，一是"豪强压迫"，除此可能还有别的因素，但喊得出口，能为大家接受的，此两条是最关键的。而有此两条就足够了，我穷我就可以啸聚山林，打家劫舍，我穷我就要向官府和富人叫板了……此为做穷人的一个途径，另有一个途径，就是离乡背井，唱着小曲，四海漂泊，讨得一口饭吃即可。

唉！这穷人做的，潇洒倒是有那么一点，但一点都不光彩，而且是难堪呢。

便使我们所经历的那个"谁穷谁光荣"的年代，深究起来，也没谁真想做穷人。大家变着法子，还是想要富裕起来，做个富人的。安徽省的凤阳县小岗村，大家都是穷怕了，穷疯了，这就有了村民们自发按上手印，把土地承包给村民，让村民自己在地里刨食了。这个措施一点都不新鲜，但效果却出奇的好，让饿瘪了的肚子吃饱了，让干涩了的手头活泛了。然而，我们是要知道的，小岗村这么做，是他们胆子大、运道好，恰巧赶上了拨乱反正和改革开放，使他们的"地下工作"翻到了台面上，成了全国农村改革的一个榜样,大家起来,都如他们一样实行了土地承包。自此以后,没有了"谁穷谁光荣"的市场,大家全都见钱眼开,急吼吼如过江之鲫,向着富裕的彼岸游去。"下海"捞钱,成了那时候的不二主题。在此风潮之中,眼儿亮的人,带头富起来了。

问题随之而来,怎么做富人?大家缺少这样的准备,行动上没法,心理上没底,富起来后,把人都做得踉踉跄跄,蹒蹒跚跚,像个学步的小孩,做富人把自己做得又累又伤心。我们小堡子,就有个带头富起来的人,他苦恼自己比别人先富起来,一次见我回村,找到我说:"富有什么好?我还不如原来做穷人呢!"

小堡子先富起来的这个人,他们祖上曾经就富裕过。流传在我们村的一个故事,就发生在这个"地主分子"的身上。1949年前,他家的地多,养的牲口就多,雇了个长工,晚上睡在牲口棚里照看牲口,白天牵着牲口下地干活。这个长工是个乐天派,也不论他家有多贫,在"地主分子"的家里,出门进门,都是一口不错的鸾歌小唱,他唱秦腔,唱眉户,还唱西府曲子。与他形成对比的是,"地主分子"一天到晚,闭着个嘴巴不说话,愁眉苦脸的样子,让他的婆娘看不过去,问他:"你有地有牲口,有家有儿女,倒把你愁的?你看人家(长工),要啥没啥,还把人快活的。""地主分子"说他婆娘糊涂,让她等着,他(长工)明日就不快活了。"地主分子"这么说,并不是给长工使坏主意,他没有,只把家里一只五十两重的银碗儿,揣在他的袖筒里,去了牲口棚,装着照看牲口,悄悄地把银碗儿丢在牲口槽里。"地主分子"走了后,长工给牲口拌草,草叉被银碗儿挡了一下,他把银碗儿捡起来,拳头大的一块银子呢!长工把这块银灿灿的东西就没地方放,一会儿高放在房檐顶,一会儿又藏在炕眼窝……是夜,长工把那颗银碗儿藏匿了几个地方,折腾得他一夜未睡,第二日起来,他睁眼要唱的嘴巴不出声了,眉头皱了起来,比"地主分子"平日还要皱得紧……一连几天,长工都是这个样儿,这使地主的婆娘心里疑惑,不晓得她的地主老汉怎么攘治了长工,就去问他,她的地主老汉给她说了实话,地主婆娘听了,嘴里是吃着饭的,一下子没忍住,把一嘴的饭都笑喷了出来。地主婆娘不让老汉再攘治长工了,说她还是看好那个鸾歌小唱、快快乐乐的长工。"地主分子"就又去了牲口棚,给长工说,不就一个银碗儿吗?看把你愁的,是这,你听叔的话,把那个银碗儿拿回去,给你娶房媳妇吧,你不小了,该娶个女人了。

"地主分子"的这个故事在我们小堡子流传着,伴随着还有一句话,也在持续不断地流传着:"没钱愁,有钱了更愁,最愁的是给钱安腿了。"

这句话像颗麦粒，种在我的心里许多年了，我真怕它生根发芽，让我碰上那个难题怎么办？好在我总没有钱多得忧愁给钱安腿的事情。我在小堡子做木匠时是这样，进了大堡子吃笔墨饭还是这样，而且我的女人亦如此。她做公务员，两个人的收成，像我们小堡子所说，刚好是收了一个盆，扣住了一个瓮。但我看得见，在我的身边，呼啦啦雨后春笋般地冒出了许多富人。在这里，我要特别说明一下，我们生活中的一些人，是要笑人穷，又要怕人富的。我是这样的人吗？我不敢说我不是，但我也不能说我就是。我糊涂我对这一问题的感觉，可是我又敏感地发现，在富人面前一副献媚模样的人，背过身去，就又会是一副眼红憎恶的嘴脸。"舔肥尻子咬瘦毬"，我们小堡子里的人，是这么形容这些人的，而这样的人眼见不鲜，可是真不少呢！

做穷人不易，做富人更难。

做人如此，是个国家呢？好像也不例外，一切都是利益关系，你中有我，我中有你，双赢才是硬道理，利益成了朋友间最重要、最根本的标准。

为了利益，别的什么都可以不管不顾了。人们啊，睁着眼睛都往钱眼里钻了，那个不是很大的孔方钱眼里，可是挤得人头破血流，侥幸挤了进去，盆满钵满地富了起来，像我们小堡子的"地主分子"的后人一样，苦恼他的富有了。他把我拦在小堡子里的那一次谈话,我能给他什么建议呢?我没有别的,我只说,想一想你的祖上吧。我这么说,是要他想他的"地主分子"老祖,巧妙地施舍他家的长工,让长工得了五十两银碗,回家给他娶妻置地……他祖上的这个故事所以流传下来,就是那个长工在我们小堡子开"地主分子"的批斗会,长工上台声讨"地主分子"说出来的。

财富对一个人来说,都只是一个暂时的保管者,生不带来,死不带去,富裕了,有钱了,做一些力所能及的社会公益事业如何?我想不出更好的办法,能提出的建议,唯此一条。

正像我们对待我们的孩子一样,我要说一句话,我们现在把孩子生下来,谁把自己的孩子当娃看了?没有,全都兴高采烈地把自己的孩子当成了猴娃,把娃生下来,先给娃栽一根高杆,攥着娃往杆子上爬了,而是为猴娃的孩娃是没有商量的,你必须撅着屁股,手和脚并用,一鼓作气地往上爬。爬累了,爬得想哭,哭一鼻子是可以的,但要顺杆子往下溜却是不行的。做父母的,都在杆子下面守着,你往上爬他高兴,给你鼓掌,给你好吃好喝好穿戴,但你要往下溜,父母的脸色当即立变,黑起来骂是轻的,手里的笤帚疙瘩,鸡毛掸子,甚至是棍棒和鞭子,早给你伺候好了,出溜下来半步就照你的屁股上抽,你就只有奋勇地往上爬了。从幼儿园爬到小学,从小学爬到初中、高中,以至大学、研究生、博士，这你就爬到了杆子顶上，你就有理由从杆子上下来了。但你不敢有丝毫的懈怠和放松，你参加了工作，在你的面前又有人竖一根杆子让你爬了。这个杆子是谁给栽起来的？你左顾右盼，发现你周围的人，父母兄弟妻子儿女领导同事等等等等，大家合力栽起一根杆子，这根杆子太高了，你爬在上面，是要你用一生的力气爬的。你努力地爬着，发现你也参加进了给人栽杆的行列，同时又都集体地、毫无意识地在杆子上爬着。这是一根多么残酷，多么令人心惊肉跳的杆子啊。你不是杂技演员，但你必须要有超越杂技演员的本领，在高杆上施展才华，甚至计谋，来与爬杆子的人们竞争！

哦，杆子，高高的杆子，没日没夜爬着的，没有尽头的杆子啊！

你或者爬到杆顶上，一览众山小，或者爬了一半儿，一截子，把你爬得头发白了，年龄到了，一纸文字，不会很多，大约就二十几个，发到你的手里，你退休了。

退休了好哇，像传统中读书人，在这时候，功成名就，衣锦还乡，那是另一种风流呢！我很怀念传统中的读书人，他们"修身、齐家、平天下"，那是何等的境界，又是何等的洒脱，而让我最感动的，还是他们告老还乡的日子。这时候的他们，是堪称"乡绅"这一称谓的，没人给他们报酬，一切都是自觉自愿的，一切都是荣耀荣誉的，以他们一生的修为和积累，承担起了维护乡里道德和秩序的责任。在我小的时候，就见我们小堡子里有这么几位被大家尊崇的人，就像《初婚》里的九先生谷正芳和谷东梅他们一样，操持着村里的一些社会事务，也品评着村里的一切社会现象。我的父亲就是他们中的一员，他们有事没事，都会端着他们石头嘴子、黄铜烟锅头的烟具，聚在一起，有一搭没一搭地说话……他们装在烟锅里的旱烟，喷着火，喷着烟。

二十一世纪以来，我们小堡子再也没了父亲他们那样的堪称"乡绅"的人了，直到现在都没有。

我生活在大堡子的西安，但我是会回到我们小堡子去的。我奇怪，没了"乡绅"们的小堡子，虽然人来人往，熙熙攘攘，我却觉得我们小堡子空空荡荡，是那么的清寂，那么的荒凉。

我想着从我们小堡子里走进大堡子的人们，掰着手指想，那是一个为数不小的群体呢。他们最少都有中专学校读书的阅历，高学历者大学本科生，还有硕士生、博士生，比比皆是，其中不乏一定级别的党政领导干部、大学的教授、研究机构的科研人员。他们有一些退休了，退休了没一个人衣锦还乡，全都留在大堡子里颐养天年。这实在是一大损失啊，我和其中几个人就在大堡子的西安，时不常地要碰一下头，我问了他们这个问题，他们全都不无惆怅地说："回不去呀！"

怎么就回不去呢？

是乡村不需要吗？非也。是他们不想回去吗？非也。乡村是需要他们的，他们也有回去的打算，但就是回不去，这是任谁都没办法的事。

我所知道的一位乡党，他叫强玉昌，是大堡子西安的一家银行的当家人，他离退休还有些年，但他早已迈出了自己的步伐，利用双休日和节假日的时间，回到他们的小堡子，与村里德高望重的一些人，组织起一个民间评议会，对小堡子人道德志向和品格精神，进行必要的有效的评议。为此，他们还自掏腰包，设立了一项奖励，对道德品格优秀的人，定期给以奖励。除此而外，还多方筹措资金，建立起小堡子的慈善基金，对小堡子需要救助的人，给以可能的、必要的救助。

二哥吴克仁也是个返回小堡子的退休干部，他原在县木材公司当经理，算个正科级吧。退休返乡在家，为了小堡子的事，是费了不少神的，他把自己的退休金，差不多都贴进村务中去了。如果不是他坚辞不授，小堡子人真要把他公推为村主任呢。二哥吴克仁有他的打算，他在家劈出一间屋子，把他的藏书放在里边，还向我求援了许多书籍，并且出资订了一些杂志，他自己不舍昼夜的阅读，还敞开来，供应小堡子的人随便阅读。

做富人，或者不是很富的人，能有这样的情怀就很好了。我坚持以为，一个人不管他富裕还是贫穷，只要他满怀文化理想，深具人文情怀，他就是一个让人敬重的人。富而又贵，应该是我们追求永远的目标。这便是我要强调的，文化实在是人活得有滋有味的那一抹温暖的阳光，那一滴润泽的雨露。植物缺少了阳光雨露会枯萎，人生缺少了文化照耀也会枯萎。常见身边许多人的枯萎情状，知道他们不是缺少钱财，而是缺少文化，能使一个人内在的枯萎，钱财是救不了他的。只有文化一旦成为人的精神气质，即使老到白发皤然，也会有如白云于蓝天飘逸，高雅澄净令人敬慕。

一部作品写完，还要唠唠叨叨地说这么多话，这不是我的本愿，我是实在有话要说。最后，我还想说，《初婚》这个作品的名字，是我们小堡子乡村人的说法，就像大堡子城里说的蜜月，都指刚结婚的那些天。改革开放三十年，我们伟大的祖国发生了日新月异的变化，我们不再是那个积贫积弱的国度，我们富裕起来了。但我以为，也仅是一个伟大时代的"初婚"阶段，刚刚度过了美好的"蜜月"期，后面的日子还长着哩，像树的叶子一样多，是要我们一片叶子、一片叶子地数着过的。

2011年2月20日　西安曲江

藏　福

逸莲品读主办一期藏书的活动，他们邀我去了。这是我头一次参加他们的活动，但我知道他们的活动，是很干净的，就像他们为自己起的名称一样，逸而莲之，纯洁唯美。

藏书是个既持久又深远的话题。我想说的是，陕西人，特别是在关中道上，古已有之的一种说法，把"书"是要发音成"福"的，所以藏书也就叫成了"藏福"，更进一步说来，还音同字不同地要说"藏富"。这样一种说法，起于什么时候呢？一部《诗经》似可说明问题。朗朗上口的《诗经·绵》有如此之说，"民之初生，自土沮漆……古公亶父，来朝走马。率西水浒，至于岐下。爰及姜女，聿来胥宇。"其所描绘的周人始祖，避祸来到如今的古周原上，就这么把"书"，在称谓上发音成了"福"，而且还称之为"富"，书而福之，福而富之，绵绵不断地承继着，一代一代人，千古未变，即把"藏书"就都说成了"藏福"与"藏富"。

还有别的地方这么说吗？我去过周人更老始祖，亦即公刘生活过的庆阳、彬县，听听那里的人，在说"书"的时候，是也要说成"福"和"富"的呢。

我们"藏书"，原来是给自己"藏福""藏富"哩。因此，古周原扶风县的我们家，历史地就也喜欢藏书，到了我这一辈，自然断不了藏书的爱好。我不仅自己喜欢藏书，但凡听闻别的谁好藏书，藏书丰富，也不管人家高兴不高兴，乐意不乐意，我都要寻了去，攀人家做朋友，观览人家的藏书，分享人家的"福"气，沾染人家的"富"分。

西安城里的强沫先生，是藏书界颇负盛名的一位。论起对藏书的痴迷程度，是我所见最为饱满的一人。十多年前，我还在西安报社工作，有他的一个同学，与我在报社是同事，关系极为融洽，他向我说了强沫的情况，我即不能自禁，赶在一个星期天的下午，去了他的家里。我记得非常清晰，刚入他的家门，就把我震撼了。三室一厅的住房里，有墙的地方，顶天立地，都是排列整齐的书籍，书架子上排列满了，就还一摞一摞地顺着书架子堆，堆得他的沙发、茶几，也是书籍堆起来的呢！而更为叫绝的是，便是他的卧床，没有木作的架子，全是摞起来的书籍，摞了齐腰高，在书籍上铺一层褥子，脱鞋上去，就是他夜宿而眠的床铺了。

也是我这人脸皮厚，是夜居然赖在他的家里，在他以书垒起的床上，睡了一个晚上。

要知道，我受家庭的影响，从不无缘无故地在他人家里留宿。那是失体面的呢，可我偏偏夜宿在了他的家里。过后我才想了，我与人家强沫先生，仅是一面之识呀。这么想，让我常常脸红发烧……不过我要说，那一夜我睡得踏实极了，后来我只要睡不好，就在自己家里的床上，铺一层书，睡上去也能睡踏实。

现在我可以说，如果没有在强沫家里睡了一个晚上的书床，我或许以新闻工作了却我的人生。但那一夜的书床睡眠，改变了我，让我有了一个梦想，我拿起笔来，认真而踏实地走在了文学创作的道路上。十多年时间过去，我不敢说我有了多么大的收获，但小小的还是有所得的。

逸莲品读的藏书活动，强沫先生就在现场，而且紧挨在我的身边。

主持人点名我发言了，我偏过头去，问了强沫先生一句话，问他长安人把书叫什么？他随口说了我文前说的话，"福"。

我笑了，向现场的人说我在他家夜卧书床的往事，接着说他把"福"藏大了。我还想说他可也藏了"富"？话到嘴边没有说出来。因为"藏福"是件洁雅的事，而"藏富"是不是俗了点。

强沫先生不是俗人，他大概藏了福，就很满足了。至于富与不富，他看得并不重。而且我们西安有许多"藏富"的人，日子过得并不怎么好，有一些竟还十分可悲地身陷囹圄，铁窗苦熬……这太有趣了。我们藏书，给自己藏来福就好了，至于富，别人怎么想，那是别人的事儿，我是不愿多想的，我只"藏福"。

2019年1月12日　西安曲江

教　育

我的心慌极了。

五月初的日子，周至中学邀请我给面临高考的高三学生报告，我客气了几句，说我不知道给中学生朋友说什么，但我架不住他们的满腔盛情，终了还是答应下来，坐在他们中学的一个会堂式的大教室里，面对着身穿同一款式服装的中学生，我没有开口，就先心慌起来。

想不起来，我什么时候从一个听人报告的人，变身成了一个给人报告的人。我面对大学生报告过，我面对文学青年报告过，我面对政府的官员报告过……在那样的场景里报告，我从来没有心慌过，不仅没有心慌，还自信自己是讲了些东西的，而我讲的东西，完全是自己的体悟，自己的认识。可我面对了中学生朋友，却不能自禁的心慌，我怕我报告得不对，会误了可爱的中学生朋友。

然而我无法逃避，已在中学生朋友的掌声里，站在了他们的对面，我是只能报告了。

我报告的习惯，无论大学生，无论文学青年，无论政府里的公务员，从来都是不准备文字稿的，所以面对中学生朋友，我依然只带着一张嘴，把一双双亮晶晶纯洁的眼睛看过去，我即开口报告了。我报告了三个方面的认识，其一为学生，其二为家长，其三为老师……我所以讲了三点认识，都在于我想破了天，对于中学生朋友只想到了这些，除此而外，我想不出来，我报告不出来。这是因为，我也年轻过，也曾像中学生朋友一样，怀着虔诚的心，听过一些人的报告。我不能说人家的报告就不好，但我随着年龄的增长，回头去想曾经听过报告，忍不住总要发笑，觉得年轻的心灵，真是太好骗了。那种大话连篇，口号声声的报告，确有鼓动人心的作用，但在人进入生活，有了自己的积累，才发现我们需要的报告，是不齿大喊大叫的，而是需要细雨和风般的说理。

面对中学生朋友，想到这些，才觉悟了我所以心慌的根由。

我报告了中学生朋友自己，报告了中学生朋友接触最多的家长和老师后,下来在中学生朋友的提问中,还讲了"教育"这个问题。

批评教育,在今天成了一个热门的话题,就像国人批评中国的足球一样。我按照我的预想,报告了我要报告的内容后,在互动环节,有中学生提出"教育"这个问题,让我着实吃了一惊。我不是教育工作者,平时又很少考虑这方面的问题,因此在中学生朋友提出这个问题时,我迟疑了一小会儿。我知道我必须回答中学生朋友的提问,所以我思考片刻,老实地回答中学生朋友,说我对这个问题想得不多,认识也很不够,不过我想就我在家里,与我的孩子如何处理教育的问题,来给大家交个底。

我说了我们中国人坚持着一种教育形态,为千古不变的上谕教育文化形态。但在西方世界,青年人会说老年人"奥特"了,大家知道,这是个英语发音,意即年龄大的人落后了,要听他们年轻人怎么说。我的女儿在美国斯坦福大学读硕士,在英国帝国理工学院读博士,她回国来给我说了这一现象,我结合中国自己的教育形态,就把西方的那种样子,总结为下谕教育形态。

我不敢说我的总结就对,但事实是,中国的教育形态,谁能否认不是年龄大、有阅历的人,在教育比他们年龄小的人。"不听老人言,吃亏在眼前"是这一教育形态最真切的注解,所以年龄大的人,不论他说得有理没理,说得对还是不对,他都会依他的年龄为重量，压迫年轻人听他的话，所以就还有句"倚老卖老"的话，为年龄大的人撑腰。我到西方国家去了几回，但去得不扎实，去得太潦草，我还无法举例我女儿所说西方人的教育形态，但我从西方的选举制度看得明白，不论哪一级别的选举，可能年龄大的人当选，可能年龄小的人当选。特别是这些年来，西方的一些大国，譬如加拿大，譬如法国，选举出来的新总统就都很年轻。

有了中国式上谕教育形态的存在，又有西方下谕教育形态的存在，我总结我们家庭，无意识地产生了另一种教育形态，那就是并谕教育形态了。

常常是，我的女儿是很听我和她母亲的话的。但常常又是，我和她母亲又特别爱听女儿的话。一言以蔽之，在我们家，没有谁是权威，没有谁是专家，遇到事了，女儿说她的，我和她母亲也说我们的，到要结论时，谁说的对就听谁的。

我诚实地告诉中学生朋友，随着时间的积累，我听女儿话的时候，倒比女儿听我话的时候多。

我愿意听女儿的话，我乐在其中。

2017年5月30日　西安曲江

私　心

人不为己，天诛地灭。

在国人的心里，这句话是敏感的，没人敢明目张胆地认同这句话，因为大家是从样板戏《红灯记》里听到的，而且是从侵略中国的日本人嘴里听到的。说这句话的人是鬼子宪兵队的队长鸠山，他以此话引诱说服共产党员李玉和，被身戴刑具的李玉和好一番痛斥，灰溜溜地败下阵来。早年前，我在观看《红灯记》时，牢牢记下了这句话，并常常以此话对照自己，对照的结果使我痛苦，我必须老实说，我为己是有私心的。

私心压着我，让我直不起腰，让我说不起话，直到有一日，我阅读《佛说十善业道经》，在第二十四集看到这样的句子，我才稍微释然，因为四大皆空的佛都说："人生为己，天经地义，人不为己，天诛地灭。"因此我把腰杆直了起来，我也敢说话了，而且就在这篇短文里，还要亮开心来说私心了。

私心没有那么害怕，当然也不是万恶之源，正如佛露骨地说了那句话后，更进一步说，私心不能杀生，不能偷盗，不能邪淫，不能妄语，不能嗔恚，不能邪见，如是才是"为自己"。

私心是正当的，私心是正直的，也就是说私心以正。

佛这么说来，让我茅塞顿开，私心是正气的，就是对的，反之就另当别论了。所以说，人有私心不要怕，怕的是私心不正。我们今天的社会，就有太多太多的人，向人宣传自己"大公无私"，但却总是"以权谋私"，到他们嘴脸暴露之日，让人看到的，全是一副副口是心非的极端自私自利的面孔。

私心无错，错的是如何对待自己的私心。

我相信谁要说他百分百的没有私心，他一定是要害口疮的。因为他说的是假话，私心与生俱来，人活着，追求生存，追求幸福，这是人的权利，饿了要吃饭，渴了要喝水，累了要睡觉，病了要问医吃药，灾难来了也要设法逃避……这一切能说不是私心吗？如果生存得还不错，人就还会想着游山玩水，吃喝玩乐，这便是更大的私心了。所以说，"私心是人天生的思想能力，是正常人自发的、自然而然的思想表现"，坚持善待自己，爱护自

205

己，让自己得以健康安全地生存，使自己获得幸福，获得成就。

我发现凡有成就的人，其私心往往与他的成就一样重。

在西北大学读作家班的时候，听蒙万夫老师讲了一位老作家的事。那位作家的创作成就堪称1949年后前三十年最显赫者，他在深入一地潜心创作的时候，组织上特批他每月有吃一只鸡的优待，他很看重组织对他的这一关心，每有炖熟的鸡端给他，他都要仔细地清点那只鸡的腿和翅膀，清点清楚了，这才自个儿大快朵颐……要知道，组织上所以照顾他，都在于当时的现实生活是贫乏的，甚至极端困难，绝大多数家庭，绝大多数的人，能填饱肚皮糊住嘴就不错了，想要吃肉，赶在过年时，才可能尝到一口……有此特殊待遇的作家，非常享受组织对他的照顾，妻子给他把鸡炖出来，端给他吃，他是一点都不客气的，而且不避妻子和儿女，当着他们的面，看他们吃他们的淡饭素食，他则大快朵颐他的鸡肉。

长此以往，妻子儿女虽然也都很馋，但并没有怨言。

可是一次，作家伏案创作的时候，闻见妻子在锅里的鸡肉，一波一波，香喷喷往他的鼻孔里钻……他不着急，一点都不着急，他知道，炖在锅里的鸡是他一个人的美食，妻子喊他用餐，他因为写得兴起，就没有放下笔。这期间，已经放学的儿女，背着书包回到家里来了，他们肯定受到了鸡肉香的诱惑，书包不放，围在母亲身边，看着母亲把鸡肉盛在一个搪瓷盒里，他们则不停地吸鼻子舔嘴唇。母亲心疼了，小心地从炖熟的鸡身上扯下一条腿，拿在手里，女儿咬一口，儿子咬一口，把一条鸡腿很快吃进了嘴里。

作家满意他的写作，放下笔来吃他的鸡了。

作家像他过去一样，要把炖熟的鸡验明正身翻看一遍。翻看的结果是，他发现鸡身上少了一条腿，因此他问妻子，这次组织照顾我的是只单腿鸡？妻子老实告诉她，她把一只鸡腿分给儿女吃了。多么正常的事情啊，作家闻言勃然大怒，斥责妻子自作主张，把组织照顾他的鸡肉，怎么可以分给他的儿女吃？作家斥责了妻子后，还逼着儿女，把他们吃进嘴里的鸡腿往出吐，声色严厉地斥责他们，不能分享他的美食。

蒙万夫讲的这个故事，藏在我的心里，起初并不怎么相信，后来有人又说了一次，我相信了，但也别扭着，无法想象一个成就巨大的作家，怎么可以如此自私？

这个故事压迫着我，我给故宫出版社编写的《书法的故事》《国画的故事》两本书，历史的考据那些名传千古的人物，发现他们，几乎无一人不是私心极重的人。到这时，我才有些释然，然后检讨自己，我就没有私心吗？我不能粉饰自己，我要老实说，我是有私心的，而且私心并不比别人轻。

我因此鼓励自己，私心即是名利心。

清楚地认识自己的私心，有效地管控自己的私心，让自己的私心融入道德的记忆，培植起强大的责任观念，洁身自好，社会要给你名，你担得起你就担；市场要给你利，你合理合法能拿到手，这是没有错的。然而防人容易防己难，私心膨胀，私心作祟，也是很可怕的，往往让自己有了的名分被自己粉碎掉，让自己得到的利益被自己消灭掉，这可是非常悲催的呢。

世上这样的例子不胜枚举。

2017年6月5日　西安曲江

请叫我一声乳名

大伯六十多岁的一天，扛着犁杖，吆着黄牛，从地里劳作了一晌，回到村子里来。他听到了一声问候。是比他高了一个辈分，又长了二十多岁的本村婶子，问候他了。婶子问候他的，是一声他的乳名。婶子问候得很平常，像她过去时的问候一样，但在大伯听来，却热辣辣的，暖着他的心。大伯把肩上扛着的犁杖卸了下来，放在一边，把黄牛的缰绳，往犁杖上拴好，回过头来，便双膝跪在婶子的面前，端端正正地磕了三个头。

大伯生活在村子里，好像从大伯的爸娘离世以后，就再没有听人叫他的乳名了，大伯心里想着，谁还能叫他一声乳名！可有三二十年的时间了，大伯在村里的长辈，一个一个倒头去了，他是越来越难听到有谁像他的爸娘一样，叫他一声乳名了。不期然的，婶子叫了他的乳名，他的心不能不热，他也不能不为这一声乳名的问候，下势磕了三个头。听村里人说，从此以后，每年到这一天，大伯还要备上礼，去拜那位婶子，磕头让婶子再叫他的乳名。

想起这个将要湮灭在记忆里的旧事，是在陕西文学评论家协会为"笔耕组"举办的三十年纪念活动上。参加会议的肖云儒、李星、畅广元、王仲生、薛瑞生、薛迪之、费秉勋等近十位笔耕组的当年成员，全都满头白发，过六十奔七十的年纪了，我想他们可否也有如我大伯当年渴望被人叫一声乳名需求？我不知道，但我从他们的眼神里看得出来，他们是有这一冲动的。他们有一个共同的乳名：笔耕。

这是一点都不错的，他们与我的大伯不一样，大伯使用的是犁杖，在田野上耕耘，他们使用的钢笔，在稿纸上耕耘。在田野上耕耘是辛苦的，在稿纸上耕耘亦然十分辛苦。

当年笔耕的他们，现在都有了非常丰厚的收获，他们在会上说着曾经的往事，说着曾经的自己，也说着曾经的往事，还有被他们重点研究的作家，我听着，唯觉心里酸酸的，只恨自己无才，没能引起他们的重视。陈忠实、贾平凹是笔耕组关注的作家，当然还有路遥，还有邹志安等。能被笔耕组所重视，真是他们的福气呢。路遥、邹志安英年早逝，听不到他们对笔耕组的怀念了,陈忠实、贾平凹二人都参加了这次纪念会,他俩的发言,我一字不落地听着,听出了他们对笔耕组的感激……他俩说了,如何没有笔耕组的真诚批评,他俩的文学道路可能是要走得崎岖一些的,还可能走些弯路。

陈忠实说到了蒙万夫。

蒙万夫是我在西大读书的老师,他为人直爽豪气,很受师生的爱戴。可惜他在五十岁的时候,突发心脏疾病,过早地离开了我们。在纪念笔耕组三十年的会议上,陈忠实说起了他,让我一时又不能忍受地想哭。我强忍着,听陈忠实说,蒙万夫老师也是笔耕组当年的成员,而且是很活跃的一个人。蒙老师是研究柳青的专家,自然很是崇拜柳青,为此他便以把柳青作为自己榜样的陈忠实,当作了他追踪和研究的目标,对陈忠实的创作,用一种旁观者清的姿态,给予了许多及时中肯的批评。评论家李星插话说了,在蒙万夫老师的遗体告别仪式上,发现陈忠实和他是哭得非常伤心的两个人。

贾平凹说到了费秉勋。

费秉勋也是我西大读书的老师。他用自己的艺术眼光,跟踪和研究贾平凹,是写出贾平凹研究专著最早的一位学者。

蒙万夫、费秉勋老师跟踪研究陈忠实、贾平凹的文稿,有一些我是读过了的。我在他们的批评文章中,读出了真诚的鼓励,同时也读出了真诚的批评,也就是说对他们的批评对象既拍肩膀，又打屁股。我赞佩这样的态度，既然有心做个批评家，真诚是第一位的，不要委屈了自己的感受，一味地只拍肩膀说好，反之，也不要固守自己的偏见，一味地打屁股撂砸话。好像是，随着世风的变化，到如今，批评家自觉缴械，放弃了批评家的立场，只作一个拍肩膀的鼓吹者，而不对批评对象进行理性真诚的批评打屁股了。

说"真话"，是会上大家公认的笔耕精神，此外，还有"信任"，也是会上大家公认的笔耕精神。这种精神，不正好似今天的文艺批评界需要继承和秉持的吗！

陕西文艺批评家协会在"笔耕"三十年的日子，开会怀念他们，所愿望的就在于此。组织会议的李国平、李震、刘卫平、杨乐生、邰科祥他们，是陕西文艺批评的新一代，他们为已经老去的"笔耕"开会纪念，这是要感谢他们的，感谢他们有心。我知道，后来者是在民政部门注册了群团组织，前者"笔耕"没有，因此，兴也忽焉，散也忽焉，只茂盛了些许年份，便只留下一个"笔耕"的乳名，让来者崇拜、怀念。

这是不错的呢！人们追求长长久久，而许多东西却非常短命。记住自己的乳名，用真诚，用信任，唯如此也能被他人记忆，被他人怀念，这可是多么令人欣幸的事呀！

2013年3月1日　西安曲江

第五辑

家风传统之道

世上没有一成不变的东西,家风也是一样。
但继承传统家风,今天还是很需要的,昙花一现的时尚,替代不了传统。

家训今识

黎明即起,洒扫庭除,要内外整洁,

既昏便息,关锁门户,必亲自检点。

一粥一饭,当思来处不易;半丝半缕,恒念物力维艰。

宜未雨而绸缪,毋临渴而掘井。

自奉必须俭约,宴客切勿流连。

……

《朱子家训》是这么起头的。全篇家训从治家的角度谈了安全、卫生、勤俭、有备、饮食、房田、婚姻、美色、祭祖、读书、教育、财酒、戒性、体恤、谦和、无争、交友、自省、向善、纳税、为官、顺应、安分、积德等诸方面,做了最为全面的规范和诠释,是历史传承家训中,最为人所推崇和敬仰的。我在起小的时候,就在家人的督促下,通背了《朱子家训》,并以此为准则,要求和规范自己。但我自知,我并没有做到家人期望的、如《朱子家训》规范的那样。

那太难了,非怀圣人之心,是绝难达到那个境界的。

我知道,不论《朱子家训》,还是别家的什么家训,都是要让人成为一个正大光明、知书明理、生活严谨、宽容善良、理想崇高的人,这是中华民族以及中国文化的一个大追求。西安市委宣传部联合《西安日报》,于近日开展的家风家训征集活动,对于发挥家风家训在当前社会的作用,会产生非常强的正能量。我受组织者的委托,对征集到的红专南路社区吴生绪家传承至今的家训,做一品读,我欣然应允下来,认真品阅,以为吴氏家训,一点都不逊于《朱子家训》,集中体现了中国人修身齐家的理想与追求,更重要的是它采用了一种既通俗易懂又讲究语言格调的形式,让人读来朗朗上口,容易记忆。

吴生绪家传的家训归纳起来,为"仁、义、礼、智、信、言、行"及"食、工、孝、学、勤、俭、老"。我很想拜会这位吴姓本家,但我这些天不在西安,就只有揣测,他们家有此祖传家训,对他们后代,定会是一种精神照耀。不过,好的家训,是要常常温习的,而温习时,最好是家长和子女一起做。做家长的温习了，知道怎样管理家庭、怎样教育子女、怎样在家庭生活小事中去教育；子女温习了，知道怎样做人、怎样在具体生活中要求自己，将来也更知道怎样管理自己的生活与家庭。

家训不是蒙书，一般悬于厅堂家室，以对家庭成员尤其是子女起警诫的作用。我不知道我们扶风吴氏可有家训，但我知道努力践行，是比悬挂厅堂家室还为重要，这不仅能够使自己成为一个有高尚情操的人，而且能构建美满家庭，进而构建和谐社会。"黎明即起，洒扫庭除"，我从小就见家父是这样做的，他每天总是早早起床，将家里连同门前空地都要扫得干干净净。受到家父的影响，渐渐我也这样做起来，以后我进城住在楼房里，公用的楼道和楼梯，我依然坚持乡村生活的习惯，要早起打扫干净。端的是，我的对门，也是个这样的人，我们家的公用地方，什么时候都干干净净。所以说，家训的根本作用，就在于家训指导下，一个人的实际作为了。

大家仔细体会，认真实践，定会感受到家训的这种独特魅力和永恒价值。

我曾潜心研究过《朱子家训》，现在又认真地品读了吴生绪家传的家训，回想我的生命历程，觉得还有再研习、再领会的必要……我做过农民，干过木作和雕漆，后来又做纸媒文学几十年，与此同时，还有书法绘彩，我总是不满足自己，这是因为我始终怀揣着一个坚实的理想，绝不忘记身在纷乱的世俗环境中，给自己的灵魂找一个栖息地，给自己的精神找一个出发点，让自己永远葆有一分赤诚和宁静。

非宁静无以致远。宁静不受功名利禄左右，它能将人送到他所能到达的最远的地方。"风檐展书读，古道照颜色。"《正气歌》结尾是这么说的，再读《风赋》，更知"仁者如风，溥畅而至"，将博爱与宽厚，平等地给自己，也给身边的每一个人，"簌簌凉风生，加我林壑轻"，天大热，在壁挂空调的风凉下，我在键盘上轻轻地敲罢最后一个字。

2016年8月23日　西安曲江

择邻之教

"昔孟母,择邻处",《三字经》中轻轻淡淡的六个字,亚圣孟子的母亲实施起来,肯定不会这么轻淡。为了孟子学习成才,孟母三迁其居,那是要何等的气量和魄力。俗人克敬不期然来到山东的邹城,在孟府,在孟庙,在孟林,耳濡目染,提起孟子,都必然提起孟母,似乎没有孟母便不会有孟子,孟母是孟子之所以成为孟子的根本,孟子是从孟母博大雄阔的心田生长起来的一棵参天大树。

在中国和受中华文化影响的国度,有关孟母教子的故事,可说是家喻户晓、尽人皆知。"孟母三迁""孟母断杼"的传说,一代一代地流传,流传成了中华文明不可或缺的珍贵财富。然而只有身临其境，直面"孟母三迁处""孟母断杼处"，以及所处的环境，传说便都活了起来，仿佛后世的我们就是年少的孟子，跟随在严厉的、慈爱的、循循善诱的孟母身后，体味一位母亲的贤淑明达和智慧量度。

孟母教子，以俗人克敬的理解，一则"信"，说的话句句都算数，即是随口说的一句话也不食言；二则"智"，在对待儿子成长的环境问题上，表现得极其理智，家宅先是靠近一片坟地，怕影响儿子学习进步，下决心迁了新居，不久又发现邻居为一屠夫，又担心影响独生子的心智发育，再迁一个地方，这一回她做了充分的考察，把家宅安排在一所学校旁，让儿子早早晚晚都能沐浴在一种求知的氛围中；三则"慧"，看到儿子读书不用心，不是打骂责罚，而是忍痛把织了一半的布割断，说明读书和织布一样，"累丝成寸，积寸成尺，如斯不已，遂成尺丈。子之废学，若吾断斯织也"。在母亲形象鲜活生动的教导下，孟子能不有所动心？他至此"且夕勤学不息，遂成天下之名儒"。这是孟母所期望的，正是因为她的苦心教育，对孟子的成长产生了最直接、最深刻的影响，这是孟子的大幸。如此聪慧之心，非孟母还有谁人。

"邹城县南有古祠，满地丰碑满碑诗"。这众多碑记诗文，都是为中华文化的经典人物孟子敬立和题书的，多为颂扬之词，其中少不了赞美孟母的文辞。在这碑林诗海中，我想该有孟母自己的一块碑石的。我努力地寻找着，找得十分辛苦，最后讨教一位导游，才找到了那块元代敬立的"孟母墓碑"。这不免使人遗憾，那样一位伟大的母亲，在封建社会里，以男权和夫教为建构的文化氛围里，果然未能受到应有的尊重，作为母亲，虽然伟大堪称"母教第一人"，却还不得不存在于儿子的阴影中。

好在这块元代的"孟母墓碑"，让俗人克敬的心有了些许的安慰。七百年的风雨剥蚀，许多文字已辨认不清，伸出颤抖的手，小心地触摸着碑石，感觉那碑石温热的脉跳，那是孟母传达给碑石的脉跳吗？是的，孟母不死，她智慧的心脏，像她智慧的儿子一样，融入了中华文化的肌体，成了其中宝贵的一部分，中华文化永在，孟母的心跳永在。

一个偷卖拓片的小贩盯上了我，在我恋恋不舍地离开了孟母墓碑后，他追上了我，向我展示一帖基本清晰的孟母墓碑的拓文。小贩说："先生是我多日看到最好母教碑的人。我有拓文，便宜卖给你。"小贩的热情感动了俗人克敬，我接过了他称作"母教碑"的拓文，并深为他对孟母墓碑的这一叫法所认同。没问价钱，仿佛迟疑一会就可能被人抢了去似的，欣欣然买了下来。

回到宾馆，再展碑文拓片辨识，有几段文字连贯起来了：

"……偷惰于襁褓之中，养成于长大之后，习与性成，父师之训不能入，虽有美材，不得为良器……人知以教子，责之父师，不察于母教之尤也。知乳口之为恩，而不知训诲之为恩；知养畜之为慈，而不知礼法之为慈……"

揣摩碑文的意思，是说一个人的成长过程中，必须接受严格的教育。但是人们往往只把教育的责任交给父亲和老师，而不懂得母教比父教和师教更为重要。这么高度评价母教的重要意义，是难能可贵的，是有历史根据的，孟子的母亲是一例，还有曾参的母亲，陶侃的母亲，岳飞的母亲……几乎是数不胜数了，可歌可泣，可敬可佩，可否这样说：一个伟大人物的背后，往往都有一个伟大的母亲。

慈爱的母亲！智慧的母亲！

2002年3月17日　西安后村

兴学垂范

很自然地，珍藏在苏州碑刻博物馆的学规碑，也是俗人克敬感兴趣的。

学规碑还有一种称谓，曰：卧碑。为什么就叫了卧碑？俗人克敬全不知晓，只有求教于识家给以指正。但克敬知晓学规碑刊刻的文字，为明清两朝钦颁全国学宫及各地府学、县学、书院、学道等机构的规章，指定要将其刻石嵌置在上述机构的明伦堂的左壁和右壁。

俗人克敬广泛搜索阅读古碑，曾在河南南阳的内乡看到过一块明洪武十三年（1380）的《礼部钦依出榜晓示生员卧碑》，也曾在陕西三原县看到过一块清顺治九年（1652）的《礼部题奉钦依晓示生员卧碑》，而这次在苏州碑刻博物馆看到的学规碑为清朝顺治十二年（1655）八月的"卧碑"。俗人克敬认真阅读着这一块学规碑，感觉是最具代表性的一块，由江苏吴县儒学署教谕举人夏鼎立石，训导吴江月、长洲章云谷镌字，原碑立于江苏吴县县学。

俗人克敬对碑文的理解是：国家设立学校，免费培养人才的目的是供朝廷使用，学生应上报国恩，下修人品。同时还列举了八项条款，规范生员的言行。其大意为：

一、生员与其父母应互相帮助，聪慧的父母应教育子女走"正道"；愚鲁的父母，生员应告其改邪，使之免于犯罪。

二、生员应学习前代忠臣清官事迹，学成后立志做一名忠臣清官，做一切有利国家和人民的事。

三、生员为人要忠厚正直，读书方能见实效，做官一定是好官；反之，若心术不正，读书既无成效，做官也一定是愚官，最终要招杀身之祸。

四、生员不可以为伸手要官做而结党营私，倘若德才兼备，自然会受到朝廷重用。

五、生员不可以擅自出入官府、法庭。

六、生员学习时应谦虚，不耻下问。

七、国家大事不许上书陈言，否则以违制论，黜革治罪。

八、不许生员建立民间组织，所写文字不能随意摹印，否则治罪。

俗人克敬仔细揣摩学规碑的禁例，深以为许多条款是不错的，如要求学生做一切有利于国家和人民的事，出仕后要做一名好官，学习要不耻下问等，至今仍不失其积极的、进步的一面。

俗人克敬不敢武断地说，学规碑积极进步的那一面，对苏州的文化教育起到怎样巨大的作用，总之，由唐迄清，苏州共出了1599名进士。进士在古代是一种最高的仕途"学历"，而进士的第一名——状元就更加荣耀了。明清时期，朝廷三年一大考，考一次出一个状元，仅苏州一地，明代考中了9个，清代考中了26个，比之更早的宋代还考中了8个，唐代考中了7个，加起来不多不少50个，这是幅员广阔的中国大地上，绝无仅有的一幅壮美画卷。克敬粗粗浏览了一下50个状元的功名，仅仅苏州归氏一门，在唐代的7个状元中就占去了5个席位，分别为归仁绍、归仁泽、归黯、归佾和归系，真正的是"前无古人，后无来者"了。如此多的状元出在苏州一个地方，谁能说苏州的文化教育不是硕果累累，繁花娇艳呢！

与苏州的朋友闲扯，人家是满面的骄傲与自豪。俗人克敬对他们的骄傲和自豪是心服口服的，于是，就更感念北宋名臣范仲淹的深谋远虑了。范公于北宋景祐元年（1034）知苏州府，为了发展教育事业，培养人才，即奏请朝廷以家乡苏州南园（他们范家的私宅）为基，设学立庙，兴办教育。后辈学人对范公的这一善举多有褒奖，郑元佑在他的专著《学门铭》中说："天下郡学莫盛于宋，然其始亦于中吴，盖范文正以宅建学，延胡安定为师，文教自此兴焉。"冯桂芬对此评价更为高标，他说："三代下学校之制，至范文正天章阁之议行而大备……迤逦至宋末二百年而学遍天下，吴学实得起先。"

范文正公仲淹在家乡兴学的垂范作用，其功绩用文字是无法述说的。俗人克敬就只有感叹了，感叹祖先用他们的大智慧，为我们后世儿孙做出了怎样伟大的贡献，而我们自己做的又怎么样呢？

细想想，我们会汗颜吗？

当然，俗人克敬不排除学规碑的禁例，同时存在着一些消极的、糟粕的东西。但我们总不能只睁着一双批判的眼睛，在祖先创造的文化遗产中肉里挑骨头。这样的行为，只能说不是我们太愚蠢，就是我们太无知。

我们今天的教育有许多值得骄傲的成就，但也存在着不容忽视的问题。俗人克敬不是这方面的专家，也缺乏这方面的研究，所能说的，只是一些朴素的、简陋的道理。

俗人克敬以为我们现在太强调教育的经济功能了。当然这没有错，但是不能过分，更不能偏废与经济功能同等重要的道德功能。这恰恰是学规碑所重视的。首先倡导学以致用，服务国家，在此基础上，特别强调个人道德的养成和学习，所规定和要求的，非常具体细致。

俗人克敬以为，我们有非常的必要学习和吸取学规碑中积极的成分，以健全我们教育工作中非常稀缺的道德建设。有了这个基础，在进行教育工作时，无论对什么样的问题，如我们现在挂在嘴上的学习模式、课堂形式，以及更新观念、创造性思维、主体性问题、电脑与人脑的问题，相信都会好解决一些。正如何清涟先生在他的《现代化的陷阱》一书中说的那样："转型期的中国，比以往任何时候更需要人文精神。没有根植于人文精神这块沃土之上的人类关怀，人只能沦为纯粹的经济动物，丧失人所应该具有的一切生存意蕴。"

我们绝不能把人教育成一个一个的经济动物，而应教育成一个一个有道德的经济巨人。这是俗人克敬最后所希望的，当然也是一切有责任心的人所希望的，我们没有理由不希望。

2004年3月2日　西安后村

铁骨不负心头血

什么是先生？什么是后生？俗人克敬没有更权威的了解，也没有更深刻的认识，仅以自己浅陋的理解，即先生是大学大德，大本大宗，大彻大悟，大慈大悲的人，而与之相应的，也就是识浅见小，混沌待醒的后生们需要虚心求教，认真学习的人。

拖着一根干瘦花白辫子的王国维，是否可算这样的一位先生？1999年5月2日（农历）的傍晚，克敬伫立在颐和园的排云殿西鱼藻轩前，眼看着微波荡漾的昆明湖水，心头感到一种莫名的矛盾。克敬读了赵万里编修的《王静安先生年谱》，得知王国维（字静安）在1927年的这一日，为了他脑后的那根辫子，在这里完成了他自己的一个悲哀的水葬。

克敬不晓得王国维投身昆明湖的那年那月那日，北京城是否笼罩在沙尘暴中？总之，克敬追寻着他的足迹，站在他殉死的昆明湖边时，正有一股强大的沙尘暴，起于内蒙古的沙漠上，越过了巍峨古老的长城，遮盖了日新月异的现代化的北京城，街上的行人，不是罩着纱巾，就是弓着腰，低着头，全然一副与沙尘暴抵抗的模样，颐和园很少游人，好像就只有外省的克敬一人，为王国维的亡魂做着沉痛的凭吊。克敬张开嘴，想着是要感叹一声的，却倏忽灌进了一嘴的沙尘，克敬的感叹便被无情地堵在喉咙里了。

来昆明湖的西鱼藻轩之前，克敬已到王国维西山的福田墓地去过了，还到清华校园工学厅以南的土山脚下，访问了王国维先生的纪念碑。说实在话，克敬听多了对于王国维大不恭大不敬的话，但克敬是不会为舆论所左右的，克敬有自己的意见，也可能是顽固的，不合时宜的，但克敬难改自己的见解。克敬坚持认为，王国维堪称一位真正意义的先生。特别是在面对先生的纪念碑时，克敬对先生的敬仰之情更加深刻，更加坚定了。

先生治学严谨，研究的领域既广泛又精深。

先生在史学研究方面，独辟蹊径，运用甲骨文治商周史，这在学术界是件前无古人的创举。先生注意用新材料、新方法解决新问题，综合比勘，将甲骨资料与其他史料相互参证，在历史地理、古代祀典、制度、古文字辨析、甲骨断代、甲骨缀合研究诸方面，均有大创新。由此而创立起来的"二重证据法"的治史研究方法，已成为后人疏通证明历史的法宝，闪耀着灿烂的科学光芒。

先生不仅是我国应用甲骨文、金文研究和解释中国古代历史的创始者，而且还以"熟于西汉史事"著称，并在唐文化研究方面颇多贡献。韦庄的《秦妇吟》是我国诗歌史上一首现实主义的叙事长诗，因讳曾长期不传于世，先生依据《北梦琐言》及其残本互勘，使这首韵文长诗焕发出青春的力量，重新得以传诵。

先生还在匈奴史、蒙古族史和元史的研究上，做出了划时代的贡献。他研究匈奴史，从古器物和古文字着手，第一个就匈奴的族属问题提出了自己的看法，指出殷代的鬼方是匈奴的族祖。他研究蒙古族史和元史，不局限于前人有关元史的束缚，认为蒙古族的崛起，与契丹、女真的兴衰有着不可分割的关系，以此而发端，先生撰写了大量的论文，并编辑蒙古族史、元代史料多种，在学术界影响深远，成为后人借鉴的宝贵文献。

先生研究历史，也研究哲学，还研究文学。他早期受西方哲学思想的影响，认为康德、叔本华的哲学"可爱者不可信"，是"伟大之形而上学，高严之伦理学、纯粹之美学"。这是先生研究哲学的一个基本观点，既尊重思辨哲学的探索性，又尊重实证哲学的科学性，以此为利器，对概念世界进行反思，而求得哲学的高度总结。先生原本就是一位诗人，他酷爱文学，把研究哲学与文学相提并论。如他所说："生百政治家不如生一文学家。"在我国近代文学史上，先生绝对的是一个重量级的人物，他在一断时期，集中精力，一口气向国人介绍了荷马、但丁、莎士比亚、拜伦、斯蒂文森、歌德、席勒、黑格尔、托尔斯泰等一大批外国文学巨匠。他研究中国文学，写了著名的《人间词话》，其所倡导的"意境学"，概括了文学的全部内涵和外延，是一个绝顶的文学理论总结。先生说："文学之事，其内足以摅己而外足以感人者，意与境二者而已。上焉者意与境浑，其次或以境胜，或以意胜。苟缺其一，不足以言文学。"先生身体力行地实践着他的文学主张，创作诗词无数，仅一本《人间词话》就收录了115首。读先生的诗词，如品甘露，思深敏锐，深邃隽永，彰显了先生睿智敏感的诗性的灵光。如先生的《杂感》诗，状写了人在天地间苦于受到拘束，要求仙人的超脱而无法达到：云岂无心，还是出岫；川弯不竟，还是争流。诗歌充盈着浪漫主义的理想企求。再如《出门》诗，写欢乐的时间过得总是太快，百年易尽；愁苦的时间又过得特别慢，一夜也难过，两者亦幻亦真，满含着主观时间的虚幻感和客观时间的真实感，读来让人不忍释卷，多有思索启迪和感悟。

先生作为一代大学者，不是俗人克敬所能全面认识的。克敬知道先生还特别关注中国教育的发展，并做了大量有益的工作。十九世纪末二十世纪初，他站在维新学派和西方学说的立场上，提出了一些资产阶级的教育观点，反映了当时中国一批先进知识分子倡导引进西方思想，通过改革教育来振兴中华的热望。克敬还知道先生也注重图书馆学、版本学、目录学的研究，同样取得了不凡的成果。现在，克敬迎着沙尘暴的袭击，站在先生的纪念碑前，只有为他的巨大成就而感动着。

克敬阅读着由先生的受业弟子、著名金文研究专家戴家祥撰写的碑记，思想着先生以一介布衣出身，是怎样地成为一代学识博深的宗师的。他不该在他生命50岁的时候，为了保留头上的辫子而投湖自尽呀！

克敬观察舆论，对先生的认识和评价，自他投湖之日起，俨然成了一道分水岭。

克敬一步一回头地告别了先生的纪念碑，搭车匆匆地来到颐和园先生投湖的西鱼藻轩。外省人的克敬，难得京城人的从容，好不容易来到北京，好不容易赶在了先生投湖的日子，怎能不抓紧时间与敬爱的王国维先生做一次心灵的交流。

沙尘暴阻挡不了克敬的热情。

沙尘暴吹皱了昆明湖，把昆明湖污染得一片浑浊。

克敬临湖而立，不晓得自己站的地方，可是先生自尽时留在人世上的最后两只脚印处。克敬的心头，翻卷的是先生向昆明湖走来时的情景。赵万里编撰的先生年谱把这一过程描绘得非常写实，像是扛着一架现代化的摄像机，跟着先生走过了那一过程："五月初二夜，阅试卷毕，草遗书怀之。是夜熟眠如常。翌晨盥洗饮食，赴研究院视事亦如常。忽于友人处假银饼五枚，独行出校门，雇车至颐和园。步行至排云殿西鱼藻轩前，临流独立，尽纸烟一支，园丁曾见之。忽闻有落水声。争往援起，不及二分钟已气绝矣，时正巳正也。"先生就这样决绝地走了，走得义无反顾，走得气宇轩昂，却也走出了许多的骂名。

先生为什么非得在颐和园的排云殿西鱼藻轩投湖呢？偌大北京城，有许多湖泊，先生生活的清华园就有一个大湖，他却舍近求远来到颐和园，来到排云殿西鱼藻轩，这能说不是他的别有用意？先生为人做事，都有很强的目的性，他所以精心选择颐和园的昆明湖，是因为这里曾是慈禧太后龙舟戏水的地方，他拖着飘摇的大辫子投身其中，是把昆明湖当作了没落帝国的一个影子。有学者就曾据此联想：颐和园是清朝八代皇帝的夏宫。昆明湖东岸的耶律楚材和苏氏夫妇的合葬墓，就是他写的《耶律文正年谱》的主人公，而苏氏又为苏轼的后裔……先生曾多次来颐和园散步、游览，他喜爱这里的碧水青山，也曾以高度的抒情韵味，写诗盛赞这里的美景。

做过逊帝溥仪南书房行走的王国维先生,精心设计在这里死,绝不是为了和这里的山水殿阁、湖光廊轩告别的,虽然先生是那样地钟情万寿山的雄伟耸峙,昆明湖的俊秀妩媚。先生的目的非常明确,他就是来为末世的帝国殉葬的,在此之前,先生在紫禁城里为清之废帝做陪读期间,就有了投御河自溺的设想,幸被家人发现劝阻住了。

俗人克敬感慨先生死的意志是那样的坚决。这不奇怪,想死的人,终究是阻拦不住的,尤其对于死施加了一种坚定的目的,其愿望就更加不可逆转,别人挡不住他,他自己也挡不住自己了。先生把他的死当作了一个特殊的手段,为传统文化的衰败及封建王朝的倾覆而抗争。先生的抗争没有一点意义,相隔了十五年之后,大清帝国又死了一次。这次的死,不仅有它的体制,还有它的精神,如此的死去,连再有的苟延残喘都彻底地失去了。

克敬阅读过先生以父亲的名义写给儿女们的遗书,那份遗书到死都揣在先生的怀里。克敬想象园丁们把先生从昆明湖水中打捞出来时,那份遗书一定也被水打湿了,湿漉漉的一纸遗书,满含着一个父亲的无可奈何和拳拳爱心:"五十三年,只欠一死,经此世变,义无再辱。我死后当草草棺殓,即行藁葬于清华茔地,汝等不能南归,亦可暂于城内居住。汝兄不于奔丧,因道路不通渠又不曾出门故也。书籍可托陈、吴先生处理。家人自有人料理，必不致不能南归。我虽无财产分文遗汝等，然苟谨慎勤俭，亦必不至饿死也。五月初二日父字。"

读着这样的遗书，谁能不潸然落泪。俗人克敬在沙尘暴肆虐的今日今时，回想着先生留给他的子女的遗书，不禁两眼泪涌。克敬仔细揣摩着遗书中骨肉情伤的悲痛，却还品味出另一番滋味来。那便是先生的遗书，不只是写给了他的子女，还写给了他自己，起首两句的"经此世变，义无再辱"，难道不是对自己的高声辩护吗！

死是要有理由的，特别像他王国维，自绝性命没个理由怎么成。他的理由就是这么现成，这么明达。正如他自沉昆明湖的那天写给溥仪的奏折中的词语一样："臣王国维跪奏，为报国有心，回天无力，敬陈将死之言，仰祈圣鉴事。窃臣猥以凡劣，遇蒙圣恩。经甲子奇变，不能建一谋，画一策，以纾皇上之忧危，虚生至今，可耻可丑！迩者赤化将成，福州荒翳。当苍生倒悬之日，正拨扰反正之机。而自揣才力庸愚，断不能有所匡佐。而二十年来，士气消沉，历史事变，竟无一死之人，臣所深痛，一洒此耻，此则臣之所能，谨于本日自湛清池。优愿我皇上日思辛亥、丁巳、甲子之耻，潜心圣学，力戒晏安……请奋乾断，去危即安，并愿行在诸臣，宋明南渡为殷鉴。彼此之见，弃小嫌而尊大义，一德同心，以拱宸极，则臣虽死之日，犹生之年。迫切上陈，伏乞圣鉴，谨奏。"这便是先生走上不归路的理由了，他向废帝辞行，效法的可是诸葛亮行状，来一篇呕心沥血、掏心挖肺的"出师表"，以表达自己的高洁志向，然后以一己的死，昭示大清虽然没落，犹有为其鞠躬尽瘁的敢死者。

这是许多评家所诟病的。克敬亦不能苟同，遗憾明智如先生者，为所敢于牺牲的，一是选错了对象，二是选错了时机。

先生为所大义赴死的清廷，腐败堕落，穷途末路，已使中华民族蒙受了太多太多的苦难，太多太多的耻辱，是一块扶不起的软豆腐。中华民族要变革强国，业已是广大仁人志士所觉悟奋斗的。在这样的一个历史潮流面前，先生显然成了一个极端的落伍者，他之采取更极端的方式殉命于风雨飘摇的清政府，除了一点感恩戴德的迂腐行动外，说不出还有别的什么价值？俗人克敬不想把话说得太白，但骨鲠在喉，又不能不说，说错了还望先生谅解。他该不是欲望做个屈原、荆轲式的烈士，成就他一个明知无能为而为之的烈士情怀！

先生这么想就错了。

这是聪明人常犯的一个聪明的错误，尤其是先生那样有大学问大智慧的聪明人。

克敬无意为先生辩护，自知还缺少那个能力。因为克敬知道有不少的学问大家，已为先生的死做了很多的辩护，这些学问大家有陈寅恪、吴宓，有梁漱溟、夏中义……俗人克敬的这篇短文无法把所有人的辩护语言都罗列出来，但由梁启超之子梁思成等设计，陈寅恪斟字酌句撰写的"海宁王静安先生纪念碑"上的碑文就能说明问题了："海宁王先生自沉后两年，清华研究院同人咸怀思不能自已。其弟子受先生之陶冶煦育者有年，尤思有以永其念。佥曰：宜铭之贞珉，以昭示于无竟。因以刻石之词命寅恪，数辞不获已，谨举先生之志事以普告天下后世。其词曰：士之读书治学，盖将以脱心志于俗谛之桎梏，真理因得以发扬；思想而不自由，毋宁死耳。斯古今仁圣所同殉之精义，夫岂庸鄙之敢望？先生以一死见其独立自由之意志，非所论于一人之恩怨，一姓之兴亡，呜呼！树兹石于讲舍，系哀思而不忘。表哲人之奇节，诉真宰之茫茫，来世不可知者也。先生之著述或有时而不章，先生之学说或有时而可商，惟此独立之精神，自由之思想，历千万祀，与天壤而同久，共三光而永光。"

俗人克敬理解碑文的意思，先生的死并非殉清，而是殉文化。辩护者大多都依循着这一观点，然克敬总觉得有点欲盖弥彰，把先生的死看得太过繁杂、太过隆重了。给溥仪最后的那一份奏折，白纸黑字，写得太明白不过了。因之，俗人克敬坚持认为：先生的死是消极的，带着强烈的复古主义的腐臭气味。

但是这并不影响先生在克敬心目中的高度，并不影响克敬对先生人格和学问的敬仰。首先因为他不是一个政治家，更不是一个权谋者，他死了，死了的只是自己的生命。他没有伤害别人，更不会去伤害别人。如果硬要与伤害两个字拉钩，也只能说他伤害的只是自己和自己的家人。而他绝对的是一位大学问家，虽然他蓄着一条长长的辫子，那又怎么样呢？在中国文化的长河里，先生是不死的，他将永远有先生智慧之光的闪烁。

刮了一天的沙尘暴，在傍晚时分明显地弱了下去。俗人克敬仰望天空，依然是混混沌沌的一片灰黄。克敬蓦然生出一个幻想，幻想先生因为思虑过重，忧愁过深而煎熬得已然干瘦花白了的辫子，透过灰黄的天际，响亮地甩下来，正好打在克敬的身上……俗人克敬会躲开辫子的抽打吗？不会的，克敬会自觉接受那根辫子的抽打，因为那是先生的辫子，克敬会把先生辫子的抽打当成一种抚摸，纯粹精神文化的抚摸。

2004年4月3日　西安太阳庙

身教胜于言教

2004年6月末的一天，俗人克敬陪同《随笔》杂志主编杜渐坤、《散文》杂志主编张雪杉去韩城的党家村游历，发现这个昔日亦农亦商的村落，把自己的旧民宅保护得那么好，如"活化石"一般，十分完整地展现出世人已很少见的村社文明形态，我们沉浸其中，几乎不能自拔。在一户又一户还住着人或已不住人的古宅院里去探访，俗人克敬意外地发现，几乎所有的住家，都在他们四合院的上房和偏厦之间的隔墙上，或石刻，或砖雕，镶嵌着一块块规模不等的家训碑，雕刻的文字有阴有阳，很见功夫，搭眼便知道全为当时的名家之作，其中还有清朝初年韩城状元王杰的手笔。所书文字，也极耐人寻味，在一家看到的是：

志欲光前，惟以诗书为先务；

心存裕后，莫如勤俭作家风。

另走一家是：

动莫若敬，居莫若俭，德莫若让，事莫若恣；

傲不可长，欲不可纵，志不可满，乐不可极。

再走一家又是：

无益之书勿读，无益之话勿说；

无益之事勿为，无益之人勿亲。

还需要再录下去吗？那将是一串没完没了的事情，俗人克敬只能打住了。感觉这样的家训碑，不仅内容好，书法雕刻好，而且与住宅建筑融为一体，实在是一件绝妙的构想，到今天也是值得人们借鉴的。如此，便形成一种浓郁的文化氛围，置身其中，耳濡目染，自觉不自觉地都会被熏陶、被影响。

听村上土生土长的导游小姐告诉我们，他们党家村很早就办起了私塾，一些祠堂也被用作学舍。一时之间，"读经读史读文章，入村时闻琅琅声"，日久天长，"直教生监户户有，举贡高科代代登"，收到了非常好的效果，清代翰林党是他们的杰出代表。

科举制度废除了，而崇尚文化的流风遗韵依然在村子里流传着。民国初年，村里的维新举人贾乐天创立韩城第一所新式学堂，自任劝学所所长，督设建立乡村小学百余所。《在历史巨人身边》的作者师哲，即为其学生，后又成了他的东床快婿。贾乐天的孙子贾幼慧，清华大学毕业后，奔赴美国学习炮兵，抗日战争中多有战功。民国期间，村里有大学、各类军校毕业生近三十人。1949年后，一千人的村子，就有一百四十多人考取省内外的大学深造，其中考进北京大学和清华大学的学生就有三人。

小导游的讲解兴致勃勃，眉飞色舞，我们也听得兴高采烈，赞许不已，猛然抬起头来，就看见了村子东南角的文星阁。高一十二丈有余，六棱六层塔形建筑的文星阁，是党家村人眼睛里的大骄傲，俗人克敬走南闯北，多见县一级的城池里建有象征文运的文星阁，而像党家村这样的谷地小村，也建文星阁，实在是寡闻少见，绝无仅有。

乡亲们现在可以骄傲地对人讲，文星阁，就是他们党家村世代不绝的文脉和文运，有文星阁在村头高耸，他们党家村崇尚文化的风气就会高涨。村里人也真会与时俱进，近年在扩大村里学校规模时，巧妙地把文星阁圈进了学校的院子，到我们去文星阁参观时，看到许多学生，围绕着文星阁，或蹲或坐，人手一书，听得见有背语文课目的，有背数学公式的，还有吱哩哇啦背英语单词的……党家村，一个古老的崇尚文化教育的村落。

别离党家村后不久，俗人克敬有幸去了一次山西祁县的乔家大院。与陕西韩城的党家村隔着一条黄河的两个村落，其建筑和文化形态有着惊人的相似，特别是镶嵌在上房和偏厦之间的家训碑刻，所书文字也同样地一脉相承，不外乎住家过日子，要懂得忍耐礼让，与社会人等交往，要显得直率诚恳：言有教，动有法，昼有为，宵有得，息有善，瞬有存；心欲小，志欲大，智欲圆，行欲方，触欲多，事欲鲜等等，不一而足。

就在俗人克敬的眼力感觉疲劳时，蓦然看见了这样一个"六不准"的家训条规：不纳妾，不赌博，不嫖娼，不吸鸦片，不虐仆，不酗酒。在建筑雄伟，结构精巧，美不胜收的乔家大院，目睹这样严厉的家训，谁能不为之凛然起敬呢？在当时的社会，对一个钟鸣鼎食的豪富之家，能够做到家训所要求的那样，实在是太不容易、太难能可贵了。克敬便想，这该是他们乔家六代不衰、兴盛百年的秘诀了。

乔家的规矩，不仅表现在严厉的家训上，还表现在他们生活的严格操守和用度上。

先说他们乔家大院的布局，便极为讲究，从大门口踏入第一进院，就节节向上，至第三进的后院，不知要上多少个台阶，所取是一个"步步高"的吉祥口彩。这就到了结婚的喜房内，墙上置箭，意在"一见钟情"；炕上设鞍，意在"岁岁平安"；谈生意的客堂，摆放的是两把旋转圆椅，提醒落座的客主应灵活变通，不可因小失大错了主张。婚事讲究，丧事更不能马虎。寿衣既无领又无扣，着意不要领走或扣走小孙辈的福分；遗体旁边置铁块或石块，着意"莫回头了，铁石了心肠往前走吧！"这就是乔家人的风格和气度，一切都不藏着掖着，既通率，又直露，就像他们那里的民歌唱的那样：

哥哥背妹妹，

快活一辈辈。

这些都是乔家人富裕所不能缺少的。然而，最初的发迹却不是这么快活，甚至还有些窝囊。其老祖乔贵发因贫受累，单身闯口外，从经营豆腐、烧饼起手，几十年下来，便在内蒙古的包头市开出了商号。到了第三代乔致庸手里，资本日雄，组建了更大规模的商号"复盛公"。由于对包头市的市场繁荣及城市扩建起了推动作用，一时竟有"先有复盛公，后有包头市"的传说。乔家人以包头为据点，把生意从黄河北草原一直做到了长江南水乡，资财积累达白银一千万两之巨。庚子事变，慈禧携皇帝西逃。途经祁县，向乔家大院借款，乔家出手就是40万两。"六不准"的家训，就是从这时提出来的，这是乔家人的大聪明，既然已经富可敌国，就不能不有所收敛，这是一种很好的自我保护，更是一种很好的自我防范。

乔家人对他们提出的家训,不只是雕刻在墙上,而且落实在行动上。他们数代几十个子弟,据说只有一人因种种不可能纳娶一妾外,其他人基本都模范地履行着家训的规定。特别在对待雇工上,凡是在乔家生意场上忙碌的人,月月有例规,三年一总结,不论大柜上赢亏增蚀,一般都有分红。故其雇工都极安心本职,尽心尽力于生意场上。

与自己有着生意往来的人家,一旦有了合作名帖,不记亲疏、不记利害,都会忠实履行。如果对方一时拮据,也不轻易催账逼债,相反还会帮助他们总结得失,支持他们东山再起。即便少数扶不起来的没落户,欠账难还,也不要紧,过年时到府上去磕个头告声礼也就过去了。

如今,乔家已经很少生意场上人。但俗人克敬以为,他们所树立的治家训诂,不失为我们中华文明的一个宝贵遗产,依然有其继承和发扬的积极意义。

不仅党家村的人家,乔家大院的人家,为他们的子孙们,树立起严格规范的家训条例,许多旧时的那些香火旺盛、久盛不衰的大家望族,也都有他们自己的家训和家规。记得那一年去合肥的包公祠观光,就看到了那条著名的包拯家训:"后世子孙仕宦,有犯赃滥者,不得放归本家;亡殁之后,不得葬于大茔之中。不从吾志非吾子孙。"家训家规就是这样，字句都颇具重量，规训明确，重点突出，简洁实用，不容违谬。

俗话说得好，"国有国法，家有家规"。家规（亦即家训）者，依俗人克敬的理解，实际上是对国法的一种补充和延伸，是在国法允许的范围内，结合自己的家庭实际，制订出的一些操行守则。因此可以说，国法重要，家规也不可无。现如今，党纪国法规定，为民公仆者，都要首先管好自家人，树立起良好的家风和家规，不让子女躺在老子的功劳簿上享乐，让他们经风雨，见世面，贡献社会，建功立业。

遗憾的是，许多手握公权的人，在这方面做得很不好，不少官吏，不仅管不好自家人，而且连自己也管不好，四处伸手，大捞特捞，大贪特贪，在自己被推上审判台时，他的家人也被推上了审判台。

俗人克敬就不能不多说几句，奉劝那些希望自己的事业能兴旺发达代代相传，希望自己的子孙出息明达作为辉煌，就不要想方设法甚至不惜违法乱纪，钻进钱眼里不出来，而是应该树立淳厚的家风，建立明哲的家规，并使其发扬光大，才是"为之计深远"的根本保证。

2004年8月13日　西安后村

奈何身后掩飞泪

江西多名山，庐山、象山、三清山、井冈山……于是，原本清灵毓秀的杏岭，夹在其中，便很难显出自己的特色了；

江西多名水，鄱阳湖、仙女湖、九曲河、匡庐泉瀑……原来幽渺绚丽的澄江水，混在其中，亦难突出自己的模样了；

江西多名人，陶渊明、欧阳修、王安石、文天祥……原也声名显赫的杨士奇，列在其中，自然要略输风骚了。

俗人克敬本来是去井冈山的，路过杏岭，歇在澄江畔喝茶时，听了茶老板一句不经意的谈话，当下改了主意，欲到杏岭脚下、澄江之滨的杨士奇墓去拜谒了。读了些历史的克敬，对这位寒士而拜相的杨士奇还是颇为崇敬的，知晓他在最为荒诞暴虐的大明朝堂上，历经成祖、仁宗、宣宗、英宗四朝而能不受丝毫损伤，除他之外，还有第二个人吗？恐怕难找，如他的江西同乡解缙，以及后来的严嵩，不可谓不聪明绝顶，才高八斗，不可谓不深谋远虑，机关算尽，到头来不都是落个悲惨凄凉的下场吗！而杨士奇，比起上述两位同乡，无论才具谋略，肯定地要逊色一些，却能四朝为官拜相，生前既得到仁宗敕赐"与国咸休"的牌匾，死后又得到英宗御题文碑的彰祭，那该是多不容易、多么巨大的荣耀啊！

然而茶老板的话却是："像杨阁老一样溺爱孩子，还能有个好？遭砍头去吧！"

茶亭里客聚客散，俗人克敬不是茶老板谈话的对象，他提着沸水，向放在克敬面前的茶碗里注着水，一只眼却飞到一边，关注着另外几个茶客的动静，他的谈话也是与那几个人相呼应的，好像他们都是熟客，议论的事大家都知道，茶老板的话引起了他们的共鸣，一时之间，便都是唏嘘感叹了。

俗人克敬这时多了一句嘴："杨阁老是谁？"

茶老板和其他一起谈话的人，把头都扭向了克敬，听出克敬是外省人，就都是一副谅解的模样。茶老板就说了："杨阁老么，就是我们泰和人，明朝时的四朝元老呢。"话语中竟然满是按捺不住的自豪。

247

有了茶老板的这一番介绍，克敬当下晓明所说杨阁老即为杨士奇了，于是就很理解茶老板的自豪了。尽管杨士奇的才不如同乡解缙，谋不如同乡严嵩，可他也没有解缙的那一分骄，严嵩的那一分奸，这便是他可以为人称道的地方了。

出身贫寒的杨士奇，深知民间疾苦，在朝为官以来，常以国家安危和人民生活为念，仁宗即位后一天与杨士奇交换意见，杨不畏龙颜，大胆直言：您下诏书减少各地岁贡才两日，而惜薪司却传旨征枣八十万斤，与诏书相抵触。仁宗听了，默然良久，终于减去征枣数量一半。其时，有人向仁宗上书大唱太平盛世的赞歌，仁宗让群臣传阅。杨士奇独不以为然，对仁宗说：陛下的恩泽虽然普及天下，但因多年用兵，使百姓颠沛流离，疮痍尚未平复，需休养生息几年，方能过上太平日子。仁宗听从了杨士奇的意见，并要求朝臣都能如杨士奇一样说真话，说实话。到了宣宗朝，许多地方屡遭水旱灾害，杨士奇多次奏请皇帝下诏恤民。有一年，户部无视宣宗诏书，未能减免官田租额，杨士奇知道后，报请宣宗再次下诏，督促减免，拒不执行者，尽数治罪。

爱才重才，知人善任，是杨士奇一贯的作风。他向来认为，各级官吏的好坏，直接关系到百姓的安危，应该不拘一格，提拔博学多才、品行端正的人出仕。要搞任人唯贤，不搞任人唯亲，不重资历、学历，不管出身贫贱，即使是有死刑犯的人家，有贤能的子弟,也应破格任用。先先后后,经杨士奇荐举提拔的官员有50余人,且多有政绩,官声政声廉冠天下,著名者就有周忱、况钟、于谦等。

从茶亭出来,俗人克敬一路向杨士奇的墓园走去,心里想着他的一生,不觉也为他的为人和业绩而自豪了。然而茶老板的那一声叹息,仍言犹在耳,叫人对杨士奇不能不生出异样的惋惜。

杨士奇死了。

像普天下的老人一样,都晓得神仙的好,但就是忘不了自己的儿孙。杨士奇的悲剧就在这里,尽管为官时兢兢业业,孜孜不懈,是一位明白事理、通晓大体的宰辅,却在养育儿子的事情上,表现得极其糊涂,极其愚顽,到终了,导致他的儿子杨稷横行乡里,侵害平民,致人死命。明代名士李贤著有《古穰杂录摘抄》一书,其中一则笔记,说的就是杨士奇溺爱儿子的事。一段话是这样记述的:"士奇晚年泥爱其子,莫知其恶,最为败德事。若藩臬郡邑,或出巡者,见其暴横,以实来告,士奇反疑之,必以子书曰,某人说汝如此,果然,即改之。子稷得书,反毁其人曰,某人在此如此行事,男以乡里故,挠其所行,以此诬之。士奇自后不信言子之恶者。有阿附誉子之善者,即以为实然而喜之。由是,子之恶不复闻矣。"不闻,不是杨稷不作恶,只是杨士奇把自己的耳朵塞了,听不到罢了。如此溺爱儿子,就有苦果等着他来吃了。

杨稷受荫封土仕宦，依然不改恶行，无辜杀人，被捕入狱，以往蛮横暴虐的几十起罪恶也被揭露了出来。以往总是袒护杨士奇的皇帝也不好说话了，一边下旨安慰告老还乡的杨士奇，一边要求他：你的儿子违背家教，触犯国法，朕不敢偏袒，你根据规定自己处理吧。事已至此，杨士奇又能怎么办呢？他一面上表，对皇帝的恩惠表示衷心的感谢，一面按照明朝律法，含泪刀斩了儿子！

  无情未必真豪杰，
  怜子如何不丈夫。
  知否兴风狂笑者，
  回眸时看小於菟。

鲁迅先生旧体诗《答客诮》中的话，道尽了为父爱子的天然情感，这是不错的。但不敢超过一切，压倒一切，以致颠倒黑白，枉顾是非，就只有祸害社会，害人害己。杨士奇把他"泥爱"出的这一壶苦酒喝得涕泪交流，心裂肝碎，病卧床榻，不久便遗恨殒命。

按说杨士奇是懂得育子的道理的。他在朝廷任职少傅、少师，教育了明朝的几任皇帝，却不能教育好自己的儿子，想想不能不叫人痛心。再说他自己打小丧父，曾随母亲改嫁他姓，继父谪戍陕西，不久又死，这才与母亲回籍泰和，受外祖父启蒙，悉心培养，而他自己也极发奋，学习时专心致志，旁若无人，同学们逗他，而他毫无所动。他读的书，不是借来，就是母亲拿鸡蛋换来，有许多书，干脆由他手抄而来。15岁时，即受乡里之聘，开馆授徒，教授的学生上千累万，应该算一个善于育人的人了，却不知为何，在教育儿子的问题上吃了大苦头，克敬一时还真是疑惑重重，咋想也想不通。

头顶着初夏温煦的阳光，俗人克敬轻轻地走进了杨士奇的墓地。映入眼帘的一切，显然都是近年整修过的，占地不是很大，却也有短墙环护，气象亦然非同凡响，一层一层的台阶，极有章法地开辟出三层平台景观。最下方的平台上，立着两支华表，顶端各有一只镂雕的小狮，仪态万方地蹲踞其上。华表左侧有一碑亭，四面开卷顶窗，护卫着一通汉白玉的石碑，碑额上"御祭"两个篆体大字，明白无误地告诉人们，此为明英宗的御笔文碑了。再往上走，是第二层平台，巍然耸立着一座石牌坊，三门四柱，雄伟壮观；穿过牌坊，就是一组雕刻精细、栩栩如生的石俑、石马、石羊、石狮……肃立两旁，威风凛凛。再往上攀，就是杨士奇的墓冢了，高大的封土前，亦有石碑一通，赫然阴刻着

251

"呜呼，杨文贞之墓"的楷书大字。恰在其时，俗人克敬的神思有些恍惚，眼盯着碑上的大字看着，悠然叠显出"泥爱"两个字来，把克敬吓了一跳。

天气晴和的日子，应该是游客出动的大好时机，而杨士奇的墓园却极为清寂。俗人克敬闭着眼睛，让自己的神态复原了常态，不再去读杨士奇的"望碑"，回过头来远眺，收葬着杨士奇魂灵的杏岭，一下子尽收眼底，远处透过层层飘香的山花，层层吐翠的青松，看得见一处方塘，水面上闪动着粼粼波光。塘水边还有一丘小坟，来路上听人说，那是杨士奇三子杨稷的埋身地。不知是真是假，克敬站在他老爸的封土前，想问一下人，周边除了几个同伴，竟再无一人可问。俗人克敬能怎么办呢？哪怕是假，也就以假当真了，想象那丘小坟前也是立着一块石碑的，上面的刻字，一定少不了他受"泥爱"而丧命的无奈和叹息。

是啊，这个教训太有记取的必要了。

却绝少有人到这里来。俗人克敬敢于做出这样的判断，全在于克敬脚下的甬道地砖和砌石缝隙里，都有草的生长，蓬蓬勃勃，很少为人践踏的样子。为什么不来呢？俗人克敬疑惑的目光再次扫了一遍杨士奇的墓园，然后步下层层台阶，坐上汽车背向墓园疾驰而去。但是，出现在克敬心头的这个问题，并没有因为人走而去，相反，在心头凝结得愈加强烈了。

绕了些道，来去井冈山多费了些时间，到晚上11时多，才又住回南昌的宾馆，是夜睡了一个好觉，早晨起来。看见一叠报纸从门底塞进了一半，取来读时，别的新闻都成了过眼云烟，唯有内蒙古自治区国税局原局长肖占武的腐败大案，叫克敬过目不能忘记。

坐在铁窗里的肖占武，老泪横流，说他一生勤俭，"一分钱都舍不得挥霍"，就"想给孩子留点东西"。从那条长篇通讯中看得出来，肖占武说的都是实情，他为人低调，生活俭朴，确实不乱挥霍，可他把手伸进了腐败的泥淖，单独或伙同他的女儿肖华多次收受他人贿赂。他成为内蒙古历史上最大的贪官，他的孩子也未落下好结果。

最近又接连爆出三起省级高官腐败大案，其中两起被媒体称为全国两个"第一"，一个是被双规的江苏省委组织部原部长徐国建，一个是被双规的江西省检察院原检察长丁鑫发。这两个人借用一句俗语说，城隍庙的鼓槌——一对儿，他们的犯事，都与自己的心肝宝贝儿子捆绑在一起，堪称两对生死与共的"腐败父子兵"；另一起则是闹得沸沸扬扬的黑龙江省原政协主席韩桂芝，她的落马，一家人除了丈夫外，两个儿子，两个儿媳，以及她妹妹也都被关押审查，她们很可以立个"腐败之家"的榜样了。

253

听听这三位腐败省级高官是怎么说话的，竟然都如肖占武一样，总想着给孩子留点东西。

为人父母，谁都希望子女生活得好一些，想着给孩子积蓄点家底，这是人之常情。但要留得合法才好，如果一味黑着手去拿，贪污受贿，这就错了，大错特错啊！有了这一手，没有不犯事的，肖占武是一个，徐建国、丁鑫发、韩桂芝是又又又一个。好像今天为官的人，无论职务高低，权力大小，大都特别地心疼自己的子女，想着要为子女谋些利益。手头的资料上，早一些的还有广东省人大常委会原副主任于非，近一些的还有辽宁省本溪市原政协主席李志达，重庆市检察院原检察长郭金云等等一大批官员，都担心手中的权力过期作废，千方百计给子女积蓄东西，其结果自然都很悲惨，自己沦落为国家人民的罪人不算，连带着把子女也拉进万劫不复的深渊。

君子爱财，取之有道。不能说为人公仆，就应该是一只石狮子，完全不要亲情，完全不要子女，这样的公仆，自己的亲人不喜欢，老百姓也不欢迎。那该怎么办呢？明代四朝元老杨士奇溺爱子女的教训要记取，历史上其他一些清廉才智之士的经验也是需要学习的。东汉时的杨震，官至涿郡太守，子孙常粗食步行，有人劝他分些财产给子孙，杨震说，为使他们具备清廉之德，这就是厚重的"家财"了。唐代屯田郎中崔玄驭的儿子在外做官，来人告诉他。你的儿子在外"贫乏不能存"。他听后很高兴，说，这真是个好消息，如果他资货充足，衣马轻肥，这倒是令人要担心的坏消息呢。前不久，又读到一篇《三块弹片做遗产》的小文章，说的是某军区司令员陈洛平，临终前告诉他的子女，不要指望我有什么财产留给你们，只有日本侵略者和反动派留在我身上的三块弹片，以后分给你们一人一块，留作一个纪念吧。行文到此，俗人克敬似已无话可说，忽然想起故乡一位老农的话，他说："儿子比我强，存钱做什么？儿子不如我，存钱做什么？"

老农的话说得太明白了，比他强的儿子，还会饿了肚子不成？不如他的儿子，也会坐吃山空，存钱的意义又在哪里呢？故乡老农还有一句话："存下千垛干柴，不如留下一把斧头。"为人父母者，留给子女的，应该是一种自己奋斗的精神，而不是身外的财富。

想到这里，克敬不揣冒昧，建议把杨士奇墓园建设成如遍布全国各地的爱国主义教育基地一样，号召大家到那里去感受一下，一个父亲溺爱儿子的悲情和伤痛。

2005年3月31日　西安太阳庙

跋　　**家风的力量**

当一个人心中有一份激励时，往往能够迸发出无穷的力量，令他勇往直前，无所畏惧；当一个家庭怀有同一份激励的时候，更是能互相影响共同前行。弥足珍贵的家风，以其巨大的精神力量，不仅为我们的家，也会为我们的国，产生强大的激励作用。

家风无法触摸，却无处不在；家风柔若细丝，却能春风化雨。

生活中的每个人，不论愿意不愿意，喜欢不喜欢，在自己的成长过程中，都要受到家风的影响，柔若细丝也罢，春风化雨也好，都会经历家风的洗礼，幸运或是不幸，想要逃避是不可能的。那样的洗礼，没有一定的范式，没有一定的规则，全在于一个家庭的传统了。"大家惯骡马，小家惯娃娃"，我成长在古周原的老家时，父母亲说给我最多的，就是这一句话了。把自己的孩子与骡马相比，有这么狠的父母亲吗？"好心黑模样"，不瞒大家说，我的家里兄弟姐妹七人，从人口上看，便不是一个小家，还有家庭的传统气度，亦然不是个小家庭。我的成长经历，就是一个证明，绝不会被父母亲惯着了，有那么一个阶段，我从老父亲的"黑模样"上，痛彻心扉地感受到，我是不如一头骡马的，骡马是真的能够获得宠溺呢，而我不能。我眼睁睁看着，骡子在地里干活，老父亲心疼骡子的辛劳，干罢活儿了，老父亲有豌豆料给骡子吃，有残锯片儿做的刷子，延长在老父亲的手，像是抚摸骡子一样，给骡子既挠痒痒，又梳理毛发。

我能得到什么呢？除了老父亲的一张"黑模样"，还是一张"黑模样"。常常感觉自己不比骡子清闲，甚至比骡子还要辛劳，却很难获得老父亲的赞扬，更别说亲昵的抚慰了。许多细节，我在回忆老父亲的文章里，都已例数过，在此就不赘述了。

直到我没有了老父亲，才蓦然明白，那就是我们的家风哩。

家风如此，我的老父亲执行得很透彻，不走样子，也才有了我的健康成长。因此我要说，不独我们家是这个样子，传统的家风，大约都是这个样子呢。以家训的形式，把握在父祖长辈的手里，对子孙后代以必须的训教，使之建立起立身处世、居家治生的原则。其所具有的道德约束力,甚至胜过一定的法律效力。传统的一些书籍,干脆对此称之为宗族法。诸如各个不同的家族,其所形成的家教、家诫、家规、家仪、家法、家约、家矩、家则、家要、家箴、家政、家制等。凡此种种,基本都出自严父之手,被严父所执掌。

与之起着辅助作用的,还有出自于慈母之口的说教呢。那就是传统中所说的慈训与母训等。然而万变不离其宗,最终是都要归于家风而存在的。

把"克己复礼"视为己任的孔老夫子,应该是倡导家风的第一人。他的众弟子记忆了他说过的话,辑著成的《论语》一书,可说就是家风的集大成者。许多年了,不论机构,还是个人,要我向公众给推荐我喜欢阅读的图书时,都少不了推荐《论语》。"红沙发"作为全民阅读的一个著名品牌,昨天邀约我写出三百字的一段话,并嘱托我给读者推荐几本书,我愉快地接受了。去年在西安举办的书博会,他们也邀请我参加了他们主办的一场活动。我喜欢他们的活动,让人颇受教益。这一次的邀约,主题就是新冠肺炎疫情,要我谈点感受。我真有自己的感受呢,因此我写了《真话的难度》一段话。我的话是由"决不能让真相还在穿鞋的时候,谣言已经满世界跑"这句关于新冠肺炎的话引起的,这句话说得是接地气和人气的。为此我是想了,如果真诚地说人的好话，特别是在人后说，这个人一定是幸福的；如果刻意地说人的坏话，特别是在人后说，这个人一定是痛苦的。说人好话，他是坦荡的，什么时候都能直面他人；而说人坏话，他是阴暗的，常常要躲着他人，躲不开时，还要来编瞎话，掩盖自己的丑恶。同样的道理，说真话的人是幸福的，而说谎话的人是痛苦的。哪怕说了真话被冤枉，被惩戒，甚至牺牲自己的生命，都不要紧。因为真话经得起考验，时间会还真话一个公道。而谎言则不能，哪怕巧舌如簧，可以获得荣誉，获得奖赏，但最终会被时间识破，漏出谎话的尾巴，而遗臭万年。

传统的家风，所最崇尚的可不就是这样吗！没有哪个家庭的父母亲，会指教自己的孩子说谎骗人吧。

有了那一段话，我还根据我说的话推荐了四部书籍。其一为人民出版社版的《邓小平文集》三卷本，齐鲁书社版的《孔子家语通解》和《论语诠释》，再是北京十月出版社版的徐则臣《北上》。

四部书籍无论哲学的，无论文学的，都给人以启迪，就是要让人说真话。这与传统家风，可是太相和了，追溯我国最早的一则家训，亦即家风的起源，该是周公对伯禽的训教了。那是周初大分封的时候，周公被分封到鲁国，由于他的爸爸去世了，他哥哥去世了，他的侄子继位，但他的侄子年幼，他要在朝廷辅佐，因此不能去建国，所以让他的儿子伯禽到鲁国建国。在儿子临行前，他对伯禽有这么一番训教，我是文王的儿子，武王的弟弟，当今成王的叔父，我于天下亦不贱矣。但是我"一沐三捉发，一饭三吐哺，起以待士，犹恐失天下之贤人。子之鲁，慎无以国骄人。"千万不要因为鲁国是你的封国，你就懈怠那些贤能的人。

多么令人敬服的言语呀！

"周公吐哺，天下归心"，是太有意味了。别人拜访你，你不是说等一等，等我把饭吃完了再说，而是赶紧把嘴里的饭吐出来。为什么要吐出来，不咀嚼了咽下去呢，因为吐更快，这表达了他殷勤的待人之礼。让人有机会给你说话呀，说他心里的话，而不是恭维巴结的话。

谁在家里给自己的老父亲、老母亲说谎话，欺骗父母亲，你等着看，有你好瞧的呢！

这样的事例，在中国古代可以举出很多。如先秦时期，就有鲁国人敬姜教诫其子公父文伯不能坐享其成、好逸恶劳；田稷母教子修身洁行，尽力竭能，忠信不欺，廉洁公正；孔子教导孔鲤要学诗学礼；孟母断机教子等等。无不呈现出家风的浩然之气，是非常有力量的。

家风对于中国社会的影响，是非常深远的。每个人都在家里孕育，从家里走向社会，使自己成为一个有益于社会的人，起到关键作用的就是家风。家风正则心正，家风不正则心亦不正，那可是非常灾难的呢。小则只是个人自己，大则就是一个家了，甚至让我们大家共有的国，也要蒙受损失。

"志欲光前，惟是诗书教子；心存裕后，莫如勤俭传家"。形成并建立起一个好的家风，也就转化成了一种好的教化资本，使其附丽于家庭这个社会存在中，基础于美好的家，然后美好我们大家。

家风是有力量的。力量就在于此。

2020年3月3日　西安曲江